枣园嫁接第二年丰产状

灰枣嫁接当年盛花期

4 年生丰产枣园

6 年生丰产枣园

直播枣园间作籽瓜

枣头摘心

枣园喷石硫合剂

沙地枣园（5 年生）

滴灌枣园（5 年生）

枣树第三年修剪

直播枣园优质高产栽培技术

陈奇凌　编著

金 盾 出 版 社

本书由新疆农垦科学院林园研究所专家编著。内容包括：概述，枣树园相及树势管理，枣树施肥技术，枣树灌溉技术，枣树调控技术，枣树病虫害防治技术，枣树采收技术。全书内容丰富系统，技术先进实用，适合广大枣农、园艺技术人员以及农林院校相关专业师生阅读参考。

图书在版编目(CIP)数据

直播枣园优质高产栽培技术/陈奇凌编著.—北京：金盾出版社，2015.7

ISBN 978-7-5186-0130-1

Ⅰ.①直…　Ⅱ.①陈…　Ⅲ.①枣—果树园艺　Ⅳ.①S665.1

中国版本图书馆CIP数据核字(2015)第042075号

金盾出版社出版、总发行

北京太平路5号(地铁万寿路站往南)

邮政编码:100036　电话:68214039　83219215

传真:68276683　网址:www.jdcbs.cn

北京盛世双龙印刷有限公司印刷、装订

各地新华书店经销

开本:850×1168 1/32　印张:4.875　彩页:4　字数:114千字

2015年7月第1版第1次印刷

印数:1～7 000册　定价:15.00元

目录

第一章

概 述

一、枣生产现状

(一)我国红枣生产概况

1. 我国红枣生产概况 目前,我国枣种植面积 186.7 万公顷左右,平均单产 193.81 千克/667 米^2,总产量 2011 年开始超过 500 万吨,已居干果生产首位。红枣传统生产区主要为河北、河南、山东、山西、陕西等省(区),自 2008 年后新疆因其自然条件优势成为新兴产区,至 2012 年已成为第一大生产区。据中国国家统计局公布数据,全国和各主产省区产量见表 1-1。

表 1-1 2006—2011 年全国红枣主产省区总产 (单位:万吨)

	2006	2007	2008	2009	2010	2011	2012
全国	305.29	303.06	363.41	424.78	446.80	542.68	588.71
河北	90.92	91.03	93.00	107.80	103.10	125.39	125.89
山东	85.24	92.77	99.29	107.71	99.48	101.6	98.11
河南	30.13	33.47	36.65	38.78	39.19	40.13	40.60
山西	31.43	19.30	29.60	39.57	42.11	57.78	54.93
陕西	28.09	15.87	29.00	59.44	50.03	63.73	67.90
新疆	4.65	8.72	13.14	29.00	62.73	105.8	145.4

由表 1-1 可见，红枣总产量总体上呈上升趋势。全国红枣总产量由 2006 年的 305.29 万吨增加到 2012 年的 588.71 万吨，增速虽不是我国红枣发展史上最快，但净增长量是增加最多时期，尤以新疆枣区为甚。红枣种植面积总体上呈上升趋势，但增速放缓，已趋于稳定。红枣单位面积产量大幅度提高。全国红枣平均单产由 2006 年的 152.64 千克/667 米^2 提高到 2011 年的 193.81 千克/667 米^2，全国红枣平均单产增加了 26.9%。

新疆红枣产量增长最快，此阶段是新疆枣产业发展最快时期，也是国内果品生产由东部地区向西部地区转移的体现。据新疆统计局公布数据，2006—2012 年新疆和新疆生产建设兵团（以下简称“兵团”）红枣面积、产量如表 1-2 所示。

表 1-2　2006—2012 年新疆及兵团红枣面积、产量

		2006	2007	2008	2009	2010	2011	2012
新疆	面积（667 米^2）	1 202 100	2 067 735	3 380 670	4 298 535	5 962 365	6 841 110	7 105 080
	产量（吨）	46 470	87 206	131 413	289 950	627 319	1 057 983	1 453 977
兵团	面积（667 米^2）	305 640	394 740	511 470	916 320	1 529 505	1 574 145	1 593 960
	产量（吨）	13 291	22 867	45 480	98 925	245 981	434 511	603 899

2. 我国红枣生产的特点　我国是枣原产地，也是世界红枣生产和消费大国。目前，我国红枣生产中存在的主要问题是单产较低，各地发展不平衡。主要表现如下特点。

(1)区域化优势明显　2012 年，河北、山东、河南、山西、陕西、新疆六省（区）红枣产量占我国红枣总产量的 90.51%，六省（区）都是位于长江以北地区的省份。便于集中先进的科学技术和丰产经验，有利于集中使用优良品种、化肥、农药等物资，充分利用各地农业自然资源和经济条件，有效发挥红枣增产作用。

(2)种植方式多样化　由于我国各地自然气候条件差异大和经济生产水平以及种植制度的不同，各地在红枣生产中因地制宜

地采用了间、套、混等多种种植方式，能够充分利用时间和空间，最大限度地利用土地、光、热和水分资源。这是我国红枣种植生产的一大特色，增产效果显著。另外，进入21世纪以来，我国在西北的干旱半干旱地区大力推广节水滴灌红枣高产高效栽培技术，已取得了重大突破并开始向国内红枣主产区推广。

(3)市场供需情况改变 由于枣产量的快速上升，尤其新疆产区产能巨大，据估计，新疆枣区近期产量将上升到全国产量的40%～50%，集约栽培优势明显，因此全国枣供需情况已发生改变，市场分化明显。

3. 我国提高红枣单产的主要途径

(1)推广优良品种 国内红枣生产实践表明，红枣良种优势明显。多年来，我国各地均以优良红枣品种在生产中的推广应用为重点，有力促进了我国红枣单产水平的迅速提高。以新疆为例，在生产中表现突出的有骏枣、灰枣、赞皇大枣等，并有更加集中的趋势。

(2)增加种植密度，提高光能利用率 伴随着20世纪90年代红枣密植栽培在我国开始大面积推广，我国的红枣单位面积种植密度和产量进一步提高，通过配套科学的技术措施，建立高光效的群体与个体发育协调的群体，提高了单位面积作物光合生产效率和光能利用率。

(3)配方施肥，改进施肥技术 随着密度的增加和产量水平的提高，肥料的利用率相对提高，在红枣生产中推广测土施肥技术，准确掌握土壤和植株的营养状况，按目标产量进行平衡科学施肥，也为今后枣的标准化栽培奠定基础。

(4)推广节水灌溉技术，提高水分利用率 我国红枣种植区主要分布在北方干旱半干旱的省份，降雨少，降雨分布与红枣的需水不能吻合，成为限制红枣高产的主要障碍因素，节水技术开始起步。为此，新疆枣区开始加大了对发展枣节水灌溉的重视和资金投入，取得良好成效，并迅速扩大了应用面积。

(5)尝试红枣种植全程机械化作业,提高劳动生产率 红枣生产机械化包括整地、除草、除虫、化控、施肥、灌溉、收获、运输等作业的高度机械化,可极大地提高劳动生产率。

(二)新疆红枣栽培发展过程及直播建园技术兴起

新疆从西汉"丝绸之路"开通后,红枣逐步被引入种植,至今已有2 000余年的历史。受小农经济、交通条件影响,至20世纪中期,新疆红枣长期处于零星种植的状况,一直未能取得实质性发展。20世纪中后期由于经济形势的转变,新疆红枣栽培迎来了自己的春天,2007年,全国干果分会在阿克苏召开,标志着新疆成为我国优质高档干枣生产基地,成为行业共识。新疆红枣栽培大致可分为4个阶段。

1. 枣树引种栽培期 1960—1975年,随着人民生活水平的逐步提高,枣树的经济价值开始体现,新疆尤其是兵团开始有计划、系统地从内地引进品种栽培。这一阶段,仅兵团先后从内地引进品种多达40余个,主要集中在南疆垦区,对枣的品种适应性及新疆栽培优势条件有了初步认识和总结。

2. 枣树缓慢发展期 1975—1995年,红枣在新疆各地区(南疆)开始小面积种植,仅充当"替补"角色,丰富了果品种类,但单产较低,集约栽培不多,受当时红枣单价不高限制,枣树栽培的经济效益并不突出。

3. 枣树植苗建园快速发展期 1995—2005年,国内枣业开始持续升温,同时受国家西部大开发、退耕还林等政策推动,新疆红枣栽培优势不断凸显,种植经济效益连年攀升,枣业发展迅速扩大,新疆红枣集约化人工栽培水平不断提高。

4. 枣树直播建园快速发展期 长期以来,红枣的建园方式都是植苗建园。新疆红枣属引种栽培,发展进程中,从内地购进苗木建园一直占主导地位。但受运距长、枣树自身根系发育特点、

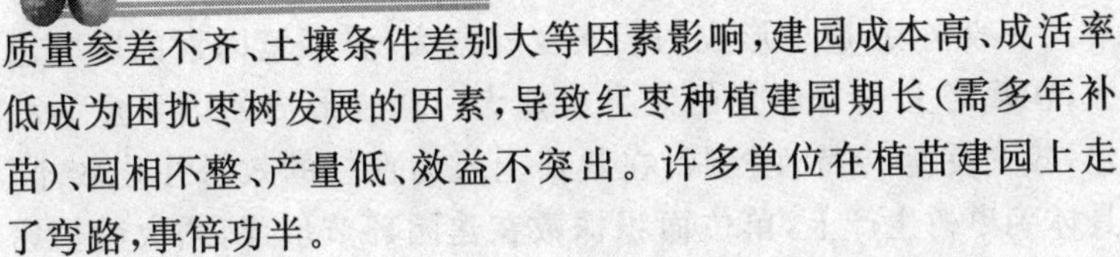

质量参差不齐、土壤条件差别大等因素影响，建园成本高、成活率低成为困扰枣树发展的因素，导致红枣种植建园期长(需多年补苗)、园相不整、产量低、效益不突出。许多单位在植苗建园上走了弯路，事倍功半。

进入21世纪后，红枣发展不断加速，随着育苗规模的扩大和市场变化，开始出现"留床苗"建园，其见效快、成活率高等优势被生产单位逐步认识，直播建园技术兴起。2008年秋，兵团农业局组织专家调研了各垦区枣树建园方式的效果，出台了直播建园技术规程，并召开现场会，直播建园进入推广应用期，直播建园技术基本成形并成为建园主流方式。

二、枣栽培基础知识

(一)枣产量形成

枣生产的目的主要是获得人们需要的枣果，并使之达到一定的数量和质量，因而提高产量和品质是红枣生产最重要的目标。产量的提高决定于其构成因素的协调发展，不同生态地区、不同栽培条件获得高产的产量结构也有不同。不同品种在生长发育过程中的物质生产能力与生理机制及对环境资源的利用能力不同，其产量潜力和增加产量的途径也有明显差异。

枣产量构成因素是指构成枣产品的各组成部分，通常可分为单位面积株数、单株结果数、单果重。即：

产量＝单位面积株数×单株结果数×单果重

式中，单位面积株数、单株结果数、单果重称为产量构成因素。研究枣产量构成因素的形成过程及其相互关系，在生产中采用相应的技术措施，是枣高产优质栽培的重要内容。

生产中各产量构成因素的形成具有一定的顺序性。因此，高产栽培应在不同生育时期有侧重地对不同产量构成因素加以调

节。一般来说,愈早形成的因素变异愈大,受环境因素的影响愈大,在栽培上人为促控的效果也愈大。愈晚形成的因素愈为稳定,较多受遗传特性控制,在栽培上人为促控的效果往往较小。具体到枣树生产上,单位面积株数在建园环节形成,增大种植密度,使生物产量的基础增大(株数、单株结果数),最易于提高产量。在一定株数的基础上,提高个体产量(单株结果数、单果重)是栽培水平进一步提高后的增产潜力挖掘方向。

枣直播建园技术的发展是在此基础上形成的。传统枣树栽培的乔化稀植 667 米^2 株数多在 100 株以内,新疆直播枣园为矮化密植,667 米^2 株数多为 300～800 株,直接从单位面积株数提高了枣前期产量。

从产量构成因素公式看出,各构成因素的数值越大,产量则越高。但生产中这些因素的数值很难实现同步增长,在一定的栽培条件下,各因子间存在相互制约关系。单位面积株数增多,每株结果数和单果重有下降的趋势;相反,当单位面积株数减少,每株结果数和单果重有增大的趋势。若从单株分析,单株结果数和单果重存在负相关的趋势。这种相互制约关系,主要是由光合产物的分配和竞争而产生,不同品种在不同地区和栽培条件下,有其高产的产量因素最佳组合。

光合作用是产量形成的生理基础。产量形成是作物在整个生育期内利用光合器官将太阳能转化为化学能,将无机物转化为有机物,最后转化为具有经济价值的产品的过程。

(二)枣生产与环境条件的关系

1. 与温度的关系 枣树为喜温树种,对温度的适应范围很广,它既耐高温又抗严寒。枣树生长期要求气温较高,日平均温度 13℃以上时开始萌芽,地温达到 11℃时开始生长活动,17℃时进行抽枝和花芽分化,20℃以上开花,花期适温为 23℃。果实生长发育需要 24℃以上的温度,秋季气温降至 15℃即开始落叶。

枣树根系开始生长地温为7.3℃～20℃,20℃～25℃生长旺盛。地温低于21℃时,生长缓慢,至20℃以下则停止生长。

2. 与水分的关系 枣树抗旱耐涝,对湿度的适应性较强。如在年降水量不足100毫米的甘肃敦煌和降水量在1 000毫米以上的南方均能正常生长发育,但以年降水量400～700毫米较为适宜。不同生长期对水分的要求不同。花期要求较高湿度,此期空气干燥,则影响花粉粒萌发,不利授粉受精,易造成大量落花落果。果实成熟期要求少雨多晴天气,如阴雨连绵,则引起落果、裂果和浆烂。虽然枣树抗旱耐涝,但如果水分供应不足,则对萌芽、开花、坐果、果实发育、产量和质量都有很大影响。萌芽期水分不足,则萌芽不整齐;花期缺水,坐果率低;果实发育期缺水,落果多、果实小、产量低、品质差。

3. 与光照的关系 枣树为喜光树种,光照强度和光照时间对光合作用有直接影响。栽植过密或树冠郁闭影响发枝,致使枣头生长不良,二次枝短小,生长结果多在树冠外围,内膛生长结果不良,从而影响产量和品质。在平原地区,应采取宽行密植方式,行向以南北为宜,行距为株距的1.5倍以上。

4. 与土壤的关系 枣树对地势和土壤条件的适应力很强,抗盐碱、耐瘠薄,山地、平原、河滩、沙地、盐碱地,沙土、沙壤土、壤土、黏壤土,pH值在5.5～8.5范围内,均能生长,但以土层深厚的沙质壤土栽培枣树生长结果最好。

5. 抗风能力 枣树在生长期抗风力较弱。三级以下的风对枣树生长发育无不利影响,但在花期遇大风影响授粉受精,易导致大量落花落果。果实发育后期,尤其是成熟前遇五六级及以上大风,则易造成大量落果,也易造成骨干枝劈裂。

枣树在休眠期抗风力很强,有较强的防风固沙能力,可营造防风固沙经济林。

(三)新疆枣生产优势条件

1. 光照充足,单产潜力大 新疆枣主产区晴天多,日照时间长,枣生长期平均日照时数均在10小时以上,最长日照时数在15小时以上。光能资源丰富,生长期光合有效辐射在1 700～2 000兆焦/米^2。枣是喜光作物,光照条件好对枣生长、开花、果实发育均十分有利,生产的枣成熟度好、光泽好、干物质多,品质优于传统枣主产区。近年来,随着直播建园技术的推行,幼龄枣园高产典型不断涌现,但以自然气候资源而论,新疆枣园单产提高潜力仍很大。

2. 温度日较差大,枣干物质积累多 新疆枣生长期间昼夜温差大,一般在13℃～16℃,夏季最大可达20℃以上,较大的温差有利于枣干物质的积累及经济产量的形成,易获得高产。目前,新疆枣主栽品种基本为内地引进种,但在新疆表现出品质明显优于内地,主要因素是干物质积累高于内地。

3. 水可控性强,产量品质易于控制 新疆气候干燥,降雨量稀少,枣生产完全依赖于灌溉,可根据枣需水规律进行灌溉,较好满足枣对光、温、水的需求,有利于枣树生长,提高光合物质生产能力。通过水肥调控,在枣营养生长和生殖生长关键期,进行必要的养分补充,调节光合产物在经济器官中的分配比例,产量和品质目标易于实现。

4. 影响新疆枣生产的灾害性气候因素

(1)冬季冻害 枣树耐寒极限温度据不同资料介绍为－23℃～－31℃,新疆枣主产区冬季低温多可达此范围,近年也出现过多次冻害,因此冬季低温是新疆枣生产的最大制约。

从冬季最低温看,－20℃左右新疆枣就可能出现冻害,这主要与极限最低温持续时间长短有关,资料介绍的枣耐寒极限温度多为瞬时温度,但新疆冬季低温多持续时间较长,这样造成实际上枣冻害发生时温度较资料介绍要高。另一方面,新疆枣集约栽培后,水肥条件较好,树体生长旺盛,抗寒性有所下降。

冻融交替是生产中易忽视的问题,也会导致枣树受害死亡。

(2)大风沙尘 新疆大风沙尘天气较多,若在花期遭遇大风沙尘天气,花蜜上沾上细小尘土后,不利授粉,影响坐果,对枣树生产极为不利。

(3)秋后降雨 新疆气候干燥,对枣生产极为有利,但有的地区秋季降雨对枣生产会产生不利影响,会因湿度加大造成病害、裂果等情况发生。

三、兵团直播枣园栽培技术路线

兵团枣产业规模是在直播建园技术突破的基础上发展而来的,既有产业调整的客观需求推动,也有兵团集约化管理的特定基础,从其现状、问题和趋势可以为直播枣园技术路线的发展提供具体示例。

(一)兵团红枣产业发展现状

“十一五”期间,按照兵团党委构建枣树种植业、畜牧养殖业、果蔬园艺业“三足鼎立”大农业格局的部署,兵团园艺业特别是特色优势比较突出的红枣产业取得了长足发展,枣树已成为兵团园艺业中面积最大的树种,有十分重要的地位。红枣产业面临着做大做强做优的大好机遇,具有广阔的发展前景,进入了全面提升整体水平、加快推进产业化进程的关键时期。这也是全国红枣产业格局的重新划分、优势区域在向新疆转移、龙头企业在向新疆集中趋势的体现,必将使红枣产业进入规模化、产业化快速发展时期。

1. 规模及地位 据统计,兵团红枣种植规模至2012年总面积达10.63万公顷,占兵团果树总面积的54.5%,2011年兵团红枣总产量达60.39万吨,占兵团果品总产量(172.35万吨)的

34.99%。红枣成为兵团经济的支柱产业，“十二五”红枣产值占兵团农业总产值的比例将稳步攀升，尤其是兵团南疆师局团场地处环塔里木红枣优势生产区，红枣已成为团场经济收入主要来源。按人均管理定额 16 675 米²/人计，6 万余农工经济收入直接来自枣园。枣产业成为团场支柱性产业的代表团场有 10 团、11 团、36 团、48 团、224 团等，面积超 4 000 公顷的团有：10 团、11 团、12 团、14 团、36 团、44 团、45 团、224 团等。

2. 主体技术 2008 年 9 月，兵团召开现场会推广红枣直播建园模式，红枣产业规模得到迅速发展。2009 年兵团出台了“关于加快红枣产业发展的意见”，自此，兵团确立并推广以滴灌节水、密植栽培、病虫害综合防治等为核心的直播建园技术体系，总结出了长短结合（在红枣行间短期种植花生、茴香、籽瓜，长期栽培结果晚、见效慢的核桃、巴旦、杏等干果，形成长、中、短三结合）的栽培技术模式，建园快，见效早，栽培技术简化，职工容易掌握，2 年收回成本，3 年 667 米² 收益上千元，充分发挥了红枣效益高的优势，克服了长期困扰果树发展的投资大、周期长、见效慢的“老大难”问题，激发了团场和职工加快发展特色果树业的积极性，为兵团红枣产业提供了坚实的技术支撑。

3. 品种 新疆南疆地区降水少，气候干燥，光照充足，自然条件十分有利于红枣自然成熟和制干，单产高，品质好。因此，兵团红枣种植的品种以制干品种骏枣（5.3 万公顷）、灰枣（4 万公顷）为主，其余赞皇枣、金昌一号、哈密大枣等（6 667 公顷）为辅。

灰枣果实中大，长卵形或短柱形，平均单果重 12.3 克，大小较均匀。果肉厚，绿白色，肉质细密，较脆，味甜，汁液量中等多，品质上等，适宜制干、鲜食和蜜枣加工，制干率 50%左右。干枣肉质致密，有弹性，耐贮运，灰枣可食率 97.3%。果实生育期 100 天左右。

骏枣果实大，柱形或长倒卵形，平均单果重 22.9 克。果肉厚，白色或绿白色，质地细，较松脆，味甜，汁液中等多，品质上等，

鲜食，制干兼用。可食率96.29%，制干率45%左右。果实生育期110天左右。

4. 产业布局及品牌建设 按照市场导向、产业集聚、突出特色、交通便利和可持续发展的原则，兵团形成以一师、二师、三师、十三师、十四师的沙井子、阿拉尔、塔里木、米兰、且末、小海子、麦盖提、哈密、皮墨等垦区为主的高档制干红枣生产基地，形成了兵团特色的"和田玉枣"、"天山玉枣"、"叶河源"、"四木王"、"天山娇"等知名品牌。

（二）兵团红枣产业存在问题

第一，适合兵团枣园实际的栽培技术研究不够深入。新疆兵团目前推广红枣直播建园技术模式，虽然总结了一些高产栽培经验，但对于密植枣园产量形成机制尚未深入研究，缺乏高产优质高效配套栽培技术标准及体系。在栽培技术上定量研究少，虽然枣园早产丰产性好，但由于与传统枣园栽培模式不同，技术普及不够。

第二，生产水平不一，枣树种植效益未充分发挥。针对不同垦区的自然气候特性的高产栽培技术、高效水肥利用、病虫害防治、机械化生产等技术创新和组装配套程度较低，不仅直接影响兵团红枣品质、产量和生产的稳定性，而且影响到兵团红枣的市场竞争力和综合生产能力，进而影响到兵团"十二五"红枣产业发展目标实现和健康持续发展。各师生产水平分析见表1-3。

各师生产水平不一，2个师产量高于全兵团平均水平，3个师产量低于平均水平。其原因是一师、十四师集约化管理较强，品种差异也是重要原因，骏枣前期丰产性高于灰枣，但随树龄增长产量差距会逐步缩小，骏枣、灰枣栽培技术较成熟，哈密大枣丰产性差，另一方面反映出增产潜力大，幼龄园、低产园是主攻方向。生产成本667米^{2}以3 000元计，其中人工、农资成本达2 000元，一师、十四师投入更高些。若成本上升，售价下降，产业风险很大，急需提高生产水平，确保高产、优质、高效。

表 1-3　2011 年兵团红枣面积、产量一览表

	兵团	一师	二师	三师	十三师	十四师
面积(公顷)	104 943	43 475	16 836	25 096	5 190	12 780
总产(吨)	434 511	246 703	40 757	56 403	2 165	87 231
单产(千克/667 米^2)	276.02	378.31	161.38	145.14	27.81	455.04
产值(元/667 米^2)		7 566.2	4 841.4	4 354.2	1 112.4	9 100.8
利润(元/667 米^2)		4 566.2	1 841.4	1 354.2	−1 887.6	6 100.8

说明：①产值测算一师、十四师以骏枣计 20 元/千克，二师、三师以灰枣计 30 元/千克，十三师以哈密大枣计 40 元/千克。成本均按 3 000 元/667 米^2 计。

②十三师幼龄园比重大，平均单产较低。

第三，产业集约化程度低，采后处理、加工、贮藏技术严重缺失，产业链各环节技术发展极不平衡。目前，兵团枣产品主要是原枣，大型企业少，品牌建设不强，导致产业链条短，产后仅限于分选、烘干等初级加工，产后增值不足，在一定程度上限制了枣产业效益的充分体现。

因此，深入开展红枣高产高效综合栽培技术、综合植保技术、机械化采收技术、产后加工增值等先进技术优化集成，建立适应不同区域的红枣高产高效综合栽培技术体系和产业化经营是目前兵团红枣产业迫切需要解决的技术问题。

（三）兵团红枣产业发展趋势

兵团“十二五”期间确定了“稳棉、增粮、兴林果、兴畜”的战略方针，要实现经济建设任务目标，红枣产业是兵团种植业新的“增长极”，必须花大力气继续投资建设兵团红枣生产基地，进一步做强红枣产业。其指导思想应是“稳定规模、优化技术、提升品质、拓展市场、延伸产业”，实现兵团党委在“关于加快红枣产业发展

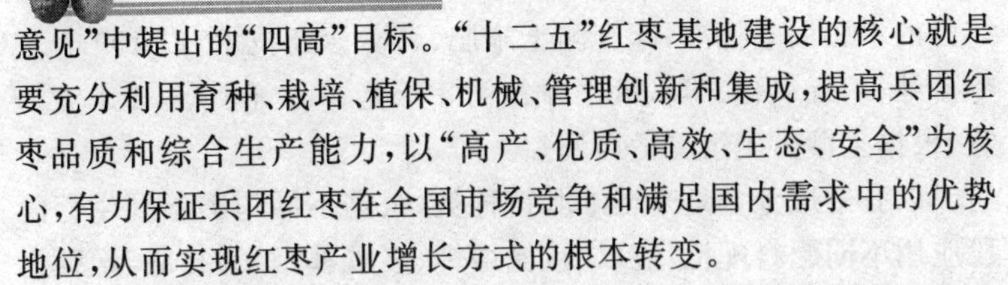

意见”中提出的“四高”目标。“十二五”红枣基地建设的核心就是要充分利用育种、栽培、植保、机械、管理创新和集成，提高兵团红枣品质和综合生产能力，以“高产、优质、高效、生态、安全”为核心，有力保证兵团红枣在全国市场竞争和满足国内需求中的优势地位，从而实现红枣产业增长方式的根本转变。

1. 红枣栽培技术标准化 针对兵团各主要红枣垦区自然条件，重点开展肥水高效利用、合理密植、整形修剪、绿色植保、品质调控等技术研发与示范推广工作。提高肥水利用率和产品商品率。兵团红枣栽培技术应围绕“简树形、精水肥、强调控、推有机”进行技术创新。

(1) 简树形 兵团枣业发展是以直播建园为主体技术发展而来，见效快是其根本，在规模扩张阶段非常适用。进入产业提质增效阶段，简化树形是技术核心，枣花芽分化当年完成这一不同于其他果树的特点使简化树形成为可能，也是兵团枣业实现标准化生产的基础环节。主要有以下几个方面。

第一，简化树形结构，利于兵团集约栽培特点，利于职工掌握，利于标准化生产，利于变产品生产为商品生产。各地有一些成功经验，解决了3龄以下枣树修剪问题，但随着兵团枣园全面进入5龄后，树形争议大。可供选择的有纺锤形、柱形、开心形等，但简化修剪技术是核心。

第二，缩短树形塑造时间，树形成形时间决定见效快慢、普及难易程度等，要实现树形快速衔接。

第三，简化密度变动对产量的影响，实现树形由立体转为平面，发挥枝组优势而不是单株优势。建议树形可采用[3(主枝)+n(二次枝)]，简化、易操作、成形快。

(2) 精水肥 针对兵团目前枣生产水肥投入过量现象较普遍情况，以“降总量，优配比，调方法”为指导，实现科学统筹水肥管理措施。

精确水肥用量与目标产量吻合，建立树龄、园相、管理水平相

结合的水肥用量标准，配套测土施肥、营养诊断技术，以 100 千克枣需纯氮、五氧化二磷、氧化钾各 1.5 千克、0.9 千克、1.2 千克为宜，根据土壤供肥情况适当调整。

以有效成分含量来选准肥料种类，根据不同树龄不同生育阶段应用不同肥料配比，应以“减氮增钾、多厩补微”为核心，增强树体抗逆能力，提高果实品质，防止后期果实病害。

精确施用时间和方法，随水施肥，基肥、追肥并重，基肥以农家肥为主，增加叶面肥次数。根据红枣生育规律，氮肥施用以 4 月、7 月为重点，磷肥施用以花期为重点，钾肥施用以盛花期开始，进入 8 月全面控水控肥，以叶面补施为主。

(3)强调控 加强营养生长、生殖生长及枣园生境调控，平衡“源库”关系，保证以丰产、稳产为目标的发育进程。主要有叶幕调控、花果调控、有害生物防控等，结合水肥、修剪等贯穿全生产过程。以密植枣园的“促、控、保”为核心。

促生叶幕。通过前期着生合理叶幕保证水肥高效利用，缩短营养生长时间，加快向生殖生长转变，提供充分光合作用保证花芽质量。大力推广摘心、控冠技术，根据产量设计 4∶1 的吊果比来确定叶片总量。

加强花果调控措施，用生物制剂实现早坐果、多坐果。通过坐果时间前移实现“以果压树”，减弱营养生长势头，前移也可提高枣果等级和品质。通过枣果速生期营养供应调控和土壤肥力调控，实现优质生产。

保证后期叶片质量，防止树势早衰，通过叶面补充，维持较强的叶片功能，防止有害生物侵袭。

(4)推有机 建立及完善有机生产环境控制体系，实行以操作记录为依据的奖励机制，引导果农自觉执行，为标准入户和分散农户的标准化生产管理探索出有效路径。绘制技术规程、技术措施、生产管理挂图，解读、宣传、贯彻和规范红枣有机生产过程；实行有机红枣种植、加工全过程的标准化记录，严格建立有机枣果生产档案，建立果品质量溯源制度。

2. 采后处理系统化 建立较为先进、完善的采后清选、分级、包装、贮运、保鲜、加工技术体系，实现机械化清选分级，标准化包装，冷链式贮运保鲜，系统化加工，全面提升采后处理能力和水平，提高枣园产品附加值。

3. 关键生产环节机械化"省力"栽培 围绕主要红枣关键生产环节，建立精量播种机械、育苗移栽机械、果实采收机械、果实清选分级机械、整形修剪机械、植保机械、固态肥料开沟施肥机械的机械装备体系，实现生产全程机械化率达到60%的目标。

4. 田间管理及保障技术信息化 建立枣园生长发育、水分、营养、气象信息、病虫发生状况的田间信息自动监测与采集系统，并与专家诊断与咨询系统进行系统集成与整合，建立有效的红枣田间自动监测与诊断技术支撑体系，为生产管理决策提供依据。建立生产档案管理信息系统、产品质量追溯系统，保障果品安全。建立市场信息系统，提高应对市场变化的反应能力，为经营决策提供支持，实现以信息化带动产业化跨越式发展的战略目标。

第二章 枣树园相及树势管理

一、确保园相整齐技术措施

（一）园地选择

要求冬季绝对最低温不低于－23℃，花期日平均温度稳定在22℃以上，花后到秋季日平均温度下降到16℃以前的果实生育期大于100天，土壤厚度40厘米以上，含盐量低于0.3%的地区可栽培枣树。

枣园应选择符合绿色及有机生产要求的环境，进行相关认证和申请。

枣园应根据作业区划，统筹考虑道路、防护林、排灌系统、输电线路及机械管理相配套。小区面积以实际地块、管理定额、灌溉区参照确定。

（二）建　园

在土地条件较好，灾害性气候少的地区宜采用直播建园。

1. 品种选择　选择早实、丰产、幼枝成果力强、坐果率高的品种，如骏枣、灰枣、哈密大枣、赞皇枣等。

2. 建园密度　每 667 米^2 800～1 600 株，可采用等行距及宽窄行种植。等行距 1.5～4 米；宽窄行宽行行距 2 米，窄行行距 1 米。播种株距 18～26 厘米。

3. 精量播种　将酸枣仁精选，剔除破损、干瘪、霉变种仁，要求种仁饱满、匀称、整齐。破碎率小于 1%，纯度为 97%，发芽率为 90%以上，种子的含水量小于 12%。新疆南疆 3 月下旬进行精量播种，覆膜、滴灌。地块较小及不具备此条件的可用条播机或人工点播。

严把整地质量关。整地质量的优劣直接影响播种质量和出苗率的高低，整地时严格按照“齐、平、松、碎、净、墒”六字标准去做，力求播种深浅一致，防止因深浅不一造成出苗困难。

酸枣的播种一定要达到以下要求：适期、适墒播种，播行要直，深浅一致，行距一致，下种精准，覆土严实，镇压确实。播种早时，地温偏低，土壤宁干勿湿，种子宁浅勿深。播种时应同时铺膜，可起到增温、保墒作用，提高出苗率。5 厘米地温持续 12℃以上时进行播种，每 667 米^2 用种量 150～250 克。播种深度 2.5～3 厘米。

播前 1 周应喷施化学除草剂。可用 50%乙草胺水乳剂 100 毫升加水 50 升进行地面喷雾。播后及时滴灌，确保出苗整齐。

4. 播后管理　出苗后随水施肥，待苗木长至高 40～50 厘米时打顶促其老化，8 月初至 9 月上旬停水。

5. 嫁接　接穗应于冬季或树液流动前采集，蘸蜡封存，贮藏于库房或地下室备用。

第二年 4 月下旬前完成嫁接，有条件的地区可当年嫁接。枝接并及时抹芽。要求成活率达到 90%以上。

（三）土肥水管理

1. 土壤管理　枣园可结合除草中耕 2 次。幼龄枣园可间作，间作时间限于前 2 年，间作作物宜选择管理与枣树生长无矛盾

者，如籽瓜、茴香、花生等。

2. 施肥　施肥分为基肥、追肥和根外追肥 3 种方式。施肥原则以有机肥为主、化肥为辅，保持或增加土壤肥力及土壤微生物的活性。施用肥料不应对果园环境和果实品质安全产生不良影响。

直播枣园应于播前施基肥，第二年后可于上年秋施基肥。生长季随水施肥。叶面施肥结合病虫害防治可喷施有机络合微肥或果树专用肥。

3. 灌水　早春应灌透水。幼树要适当早灌水。适宜土壤含水量为田间最大持水量的 60%～80%。可采取常用的灌水方法，标准果园建设提倡滴灌。注重催芽水、花前水、果实膨大水等，可结合施肥进行。5～8 月根据土质条件和土壤干湿度适时调整灌水量，11 月中下旬灌冬水。

二、良好树势培养

枣树良好树势基础在当年酸枣播种和第二年嫁接期间十分重要，是枣园丰产的前提条件，这一时期是要培育壮苗，保证园相整齐。

枣苗的强弱主要是受外界环境影响所致，如土壤类型、肥水管理、气温高低、病虫危害、耕作制度等。不同地域、耕作制度、品种、时期有不同的具体指标，如株高、节间长、叶片大小等。要根据当地、当时的具体情况综合判断，结合品种特性、长势、长相进行。

（一）酸枣壮苗培育

1. 早定苗　在精量播种情况下，每穴多为 1～2 株，苗与苗之间争水、争肥、争光，要及时定苗以免相互影响。可在幼苗长出 3～5 片真叶时开始早定苗，留大苗、壮苗、健苗。

2. 注重头水时机 在铺膜情况下，头水对幼苗发育十分关键，因地区、土壤等因素灌溉时间不同，总的原则是不宜过早，促进根系向下发展。这一问题在有间作时尤为突出，铺膜滴灌造成水分养分富集区处于地表层，根系的趋水趋肥特性导致根系在地表横向发展，不利于越冬。另一方面，为保证根系发育，要拉长灌水间隔期，或于6月中旬破膜，加大地表水分变化，引导根系向下发展。

3. 早摘心 7月上旬，当苗高40厘米时摘心，摘心后10天左右喷施1次矮壮素，浓度为800～1 000倍液。

4. 停水不宜过早 枣苗秋季有二次生长高峰，根系在这一时期向下发展，若停水过早会造成根系发育停滞，导致根系分布浅，不利于越冬。

另外，防止枣苗遭受病虫危害，否则难以成为壮苗。

(二)嫁接及当年树势培养

1. 接穗的采集与贮藏 结合冬剪，接穗从品种纯正、生长健壮、无枣疯病的品种采穗圃采集。选用生长健壮的1年生枣头一次枝或粗壮的2～4年生二次枝。

采集的接穗要保湿防失水，按单芽截成枝段(芽上留1厘米，芽下留4～5厘米)，及时封蜡。蘸好蜡的接穗放入纸箱或塑料袋中，贮藏于0℃～5℃冷藏库中，春季嫁接前取出便可用于嫁接。

2. 嫁接前准备 嫁接前1周用追肥机施油饼400千克/667米^2、化肥80千克/667米^2(其中，重过磷酸钙50千克、磷酸二铵20千克、硫酸钾10千克)。施肥后园地灌水180米^3，提高嫁接成活率。

(1)嫁接前砧木处理 3月25日前将酸枣所有二次枝全部剪除。

(2)嫁接前接穗检查 接穗应纯度高(90％以上)，封蜡均匀，无皱皮、霉点，芽眼无发黑、烫伤现象。

3. 嫁接时期 嫁接最佳时期为4月5～20日。

4. 嫁接方法

(1)酸枣粗度 地径在0.8厘米以上。嫁接高度距地面10厘米，径粗0.6厘米。

(2)劈 接

①砧木切削 将砧木上半部分剪掉，剪口要平滑，并剪除接口以下的萌枝、萌蘖。用劈接刀或嫁接刀在砧木中间劈口，深度以接穗削面能插入为准。

②接穗切削 在接穗下端、芽的两侧削成两面等长的楔子形，靠砧木的外侧稍厚些，削面要平直光滑，万勿陡然尖削，削面长3～4厘米，斜度要与砧木劈开的裂口一致。

③嫁接 插入接穗后要求接穗和砧木形成层对齐，当砧穗粗细不同时，以一侧形成层对齐为准，伤口不要全部插入，要求上面露白0.5厘米。

④包扎 嫁接完后用一条长20厘米、宽3.5厘米、厚0.3毫米弹性较好的塑料条，将伤口包严，注意将砧木的伤口和接穗露白处包严，以防接穗松动和失水。

(3)切 接

①砧木切削 选择砧木上树皮光滑无节疤处，将其剪断，从断面1/5处用剪刀斜切一刀，长3～5厘米。

②接穗切削 将选好的接穗远离主芽端一面用剪刀削一个大斜面，削面长4～5厘米，深度为削去接穗的1/2，再将背面削一个小斜面，下端呈楔形，外侧宜厚于内侧，削面长1～2厘米，削面要平整光滑。

③嫁接 嫁接时将接穗大斜面朝里，小斜面朝外，顺着砧木切口插入，砧木与接穗的形成层要一边对齐，插好后接穗要露白0.5厘米。

④包扎 嫁接完后用一条长20厘米、宽3.5厘米、厚0.3毫米弹性较好的塑料条，将伤口包严，注意将砧木的伤口和接穗露

白处包严。

嫁接后，根据品种不同进行摘心。灰枣主干长有5～8个二次枝摘心，二次枝5～8节摘心。骏枣主干长有7～10个二次枝摘心，二次枝7～10节摘心。

（三）嫁接后成龄枣园整形

直播枣园进入第三年后，修剪工作的重要性和工作量都明显提升，也是直播枣园保持优质高效生产的关键，与传统稀植园不同，其修剪主导思想一是如何在前期维持高密度增产效应，更好地发挥直播园前期丰产特性。二是在树龄5年左右能够顺利转型，实现与改良传统树形的衔接，更好地利用空间和光热资源。确定主导思想才能在修剪工作中把握重点。同时，需强调的是直播枣园夏剪工作重要性较突出，更能体现密植枣园树形调控效果。

1. 枣树芽、枝类型及生长发育规律 枣树有2种芽3种枝条，即主芽和副芽，枣头、枣股和枣吊。

(1)主芽和副芽 主芽又称正芽或冬芽，外被鳞片裹住，一般当年不萌发。主芽着生在一次枝与枣股的顶端和二次枝基部，主芽萌发可形成枣头。副芽又称夏芽或裸芽。副芽为早熟性芽，当年萌发，形成脱落性和永久性二次枝及枣吊，枣吊叶腋间副芽形成花。

(2)枝

①枣头 即当年萌发的枝条，又叫发育枝或营养枝，由主芽萌发而成。枣头由一次枝和二次枝构成，一次枝具有很强的加粗生长能力，因此能构成树冠的中央干、主枝和侧枝等骨架；二次枝即枣头中上部长成的永久性枝条，枝形曲折，呈“之”字形向前延伸，是着生枣股的主要枝条，故又称“结果基枝”。

②枣股 短缩性结果母枝，即结果母枝，是由枣头和二次枝上的主芽萌发形成的短缩枝，枣股每年生长量很小，仅1～3毫

米。而副芽每年抽生枣吊，一般每股抽生 2～5 个枣吊但寿命很长，一般可达 10～20 年，结果年龄最强为 3～8 年。

③枣吊　又称脱落性枝，也称结果枝。由枣股上的副芽萌发而成，每枣股可发 2～5 条或更多。枣头基部和当年生二次枝的每一节也能抽生 1 条，它具有开花结果和承担光合效能的双重作用，因每年都要脱落，又称脱落性果枝。枣吊的长度一般 12～25 厘米，有的长达 40 厘米以上，10～18 节，以 3～8 节叶面积大，以 4～10 节结果多。

木质化枣吊是矮化枣树的一种新型结果枝，它基部粗壮发红，叶片大而浓绿，具有很强的结果能力，果实个大。木质化枣吊一般长 30～60 厘米，单枝坐果多为 5～10 个，最多可达 20～37 个，结果枝可占到总果枝数的 50%～70%，是矮化成龄枣树的一种主要结果枝。对 5 年以上的矮化枣树，可以通过调控木质化枣吊达到更新结果枝、获得丰产的目的。

2. 整形修剪的原则

(1)通风透光的原则　枣树是喜光果树，自古就有“枝叶稀疏枣满头，枝叶稠密吊吊空”的说法，因此修剪必须坚持通风透光的原则。

(2)培养良好的树体结构　目的是通过拉枝、修剪等手段均衡营养生长与生殖生长，使树势缓和，且具有良好的树体骨架结构确保一定的挂果量。

(3)利用枣生物学特性合理安排整形修剪　枣头枝的单轴延伸能力较强。直播密植枣园中应严格控制新生枣头数量和节数，才能更好调控营养生长和生殖生长的转变。

枣树成花容易。直播园应在枣花芽当年形成这一特点上，加强夏季修剪工作，尤其是“三摘”工作(枣头摘心、二次枝摘心、枣吊摘心)。

枣树物候期严重重叠。直播枣园修剪工作要严格按物候期进行安排，各地有不同的自然条件，在修剪模式和时机上也应不

同。枣树营养枝向结果枝的转化较为容易。枣树的隐芽寿命长，多用于枝组的更新。枣树主芽有一剪子堵两剪子出的习性。

3. 常用修剪技术

(1)定干　对栽植的当年生苗，在一定高度(一般为50厘米左右)，将其以上部分剪掉，同时将所有二次枝一次性剪除。也有另一种定干方法，针对直径1.2厘米以上的树体，在60厘米左右将其以上部分剪掉，同时疏除剪口下的第一个二次枝，利用主芽萌发形成中心干，再在其下部选3个生长健壮的二次枝留1～2节枣股短截，利用枣股主芽萌发形成一次枝而培养出第一层的三大主枝，其余二次枝疏除。

(2)短截　剪掉1年生枣头枝和二次枝的一部分，其作用是刺激主芽萌发形成新生枣头。对于枣头枝的短截，应同时疏除剪口下的第一个二次枝，即“两剪子出”。对于二次枝的短截，针对没有进行夏季二次枝摘心处理的，保留6～8节枣股，将先端轻细弱的部分剪掉，有利于集中养分。

(3)缩剪　有回缩和压缩之分，即剪掉多年生枝的一部分，常用于多年生枝的更新复壮，中心干的落头开心，以及利用背上枝、背下枝开张或抬高角度。

(4)疏剪　也叫疏枝，将枝条从基部疏除。主要疏枝对象：病虫枝、干枯枝、并生枝、重叠枝、竞争枝、细弱枝、交叉枝、衰老枝等。

(5)变向　采用人工方法使枝条改变生长的角度和方向。常用的方法有：拉枝、撑枝、坠枝、里芽外登、背后枝换头等。

(6)刻芽　主要在萌芽时期进行。对于需要抽生枝条部位的芽体，在芽体上方刻成月牙状的伤口，以阻止营养物质上送而就近供应，促使芽体萌发成枝条，枣树刻芽应在疏层芽体上方的二次枝后，在二次枝上方刻芽。

(7)摘心　主要用于枣树的生长季节，有以下几种方法：摘除枣股主芽，以保留2～3个枣吊，集中养分促使枣吊开花坐果。二

次枝长度达到 5～6 节，将其先端摘心。一次枝生长达到一定长度后，摘除顶部嫩梢，控制其加长生长。

(8)抹芽 保留抽生枝条的芽体，将嫩芽从基部抹除。有 3 种情况：①新栽植树萌芽后，保留剪口下 4～5 个健壮芽体，其余从基部抹除。②对多年生树，除保留培养枝条的芽体外，将二次枝基部萌芽的芽体以及隐芽萌发的芽体抹除。③抹除树干基部发生的萌蘖。

(9)扭枝 分为扭梢和扭枝。扭梢：将当年新生枣头或半木质化的二次枝，向下扭转，使木质部和韧皮部裂而不断，缓和长势，开张角度。扭枝：在树液流动时，对于过于旺盛的粗壮的二次枝或一次枝，将其扭转，作用同扭梢一样。

(10)环剥 用刀子在树干或其他部位按一定宽度环切两刀，将两刀口间的韧皮部去掉。环剥的宽度以树干的粗度而定，一般为树干直径的 1/10，常用宽度为 0.2～0.8 厘米，但最宽不能超过 1 厘米，环剥多在 5 月下旬至 6 月初进行，即盛花初期进行，以提高坐果率。

(11)环割 在枝条基部用刀割断 1 周韧皮部，暂时阻止营养物质下运，有利于提高坐果率。同环剥的作用一样。

4. 枣树主要采用的树体结构 培育树形要从生产实际出发，随枝做形，因树修剪，顺其自然，因势利导，以结构合理为最终目标。枣树传统栽培一般树形可培养为小冠疏层形、多主枝纺锤形、开心形、多主枝自然圆头形等多种。本章主要介绍最常用的小冠疏层形和多主枝纺锤形。

(1)小冠疏层形的培养 第一年留 80 厘米干高短截，在整形带内选取 3 个方位不同的二次枝，在第 2～3 个枣股处短截，促其萌发新枝，在树干顶部保留 1 个二次枝，其余全部疏除。这样培养出的主枝自然开展角度大，生长势容易控制。生长季节除留作主枝培养的外，其他萌芽随出随抹除，也可进行强摘心，只留基部枣吊，增加树体营养面积。当主枝长至 7～10 个二次枝时进行摘

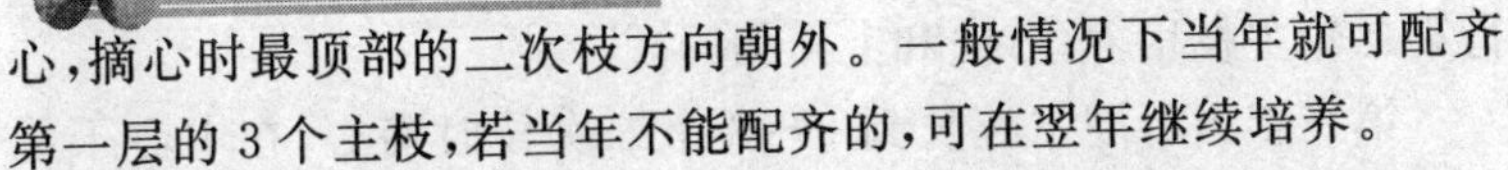

心,摘心时最顶部的二次枝方向朝外。一般情况下当年就可配齐第一层的3个主枝,若当年不能配齐的,可在翌年继续培养。

第二年剪除顶部所留的二次枝,促其腋芽(朝内的)萌发抽枝,待新枝长至7个二次枝时摘心。对主枝的修剪,是从顶部二次枝的第二个枣股处2厘米处剪除,促其萌芽抽枝,以延长主枝;待新枝长到6个二次枝时摘心。同时,用拉、撑枝方法调整主枝角度和方向,一般要求三主枝之间夹角为120°,主枝与中央干枝夹角不大于65°。

第三年,在距第一层主枝80厘米以上的二次枝中选方向合适的2个二次枝,间距20～30厘米,在第二个枣股处短截促其萌芽抽枝,延长培养出第二层2个主枝(具体做法与培养第一层主枝相同),要求第二层主枝与第一层主枝不重叠。在第一层主枝上各选方向一致的1个二次枝在第三个枣股处短截,促其抽枝培养第一批侧枝。当新枝长到4～6个二次枝时摘心,对有空间的萌芽抽生新枝,留3～5个二次枝摘心,没有空间的萌芽必须抹除。

第四年,在第一层主枝第一个侧枝对方培养第二个侧枝,在第二层主枝上培养1个侧枝,中心枝上再上长3～5个二次枝摘心,整形即完成。冠幅在1.8～2.1米,冠高2.3～2.5米,主枝5个,侧枝6～8个。

(2)多主枝纺锤形的培养　第一年80厘米高定干,在距地面50厘米以上的二次枝均留,在二次枝2～3个枣股处短截,促其萌芽,在生长期选位置合适方向错开,生长势强的新生枝条作主枝培养,其余枝疏除。当新枝长到6～8个二次枝时摘心,并及时拉枝调势。中心干萌发新枝长到8～10个二次枝时摘心,对不作主枝培养的萌芽强摘心或抹除。在培养主枝时要保持枝间距离不少于20厘米。

第二年剪除主枝顶部二次枝,促其生长,新枝长至8～10个二次枝时摘心。中心干上所留的二次枝全部留2个股芽短截,进

行第二轮主枝培养(方法和上年相同)。

第三年当所配主枝长到6～8个二次枝时摘心,在中心干上进行第三次主枝配置,当第三次培养的主枝长至6～8个二次枝时摘心,中心干再向上长出5～6个二次枝为度,整形结束。冠幅在1.9～2.2米,冠高2.5米以下,有8～10个主枝,各主枝层间距20厘米左右,各主枝与中心干夹角50°～60°,主枝上结果枝分布合理。

三、枣园改造

(一)缺少枝条幼树树形的改造

1."一长两短"树 即有中心干,但三大主枝还缺1个主枝,此种树的修剪程序是:首先对3个枝条延长头短截,继续扩大树冠,达到培养侧枝以及第二层主枝距离的,按正常树形修剪方法进行枝条培养。其次培养缺少的1个主枝。具体方法有3种:①在主干位置上寻找前1年已萌发而只长枣吊未长枝条的芽体,直接进行刻芽处理,促发枝条。②在中心干上选1个健壮的二次枝留1节枣股短截,培养枝条。③在中心干上选1个二次枝,从基部疏除,再加上刻芽处7理,促发主芽萌发形成枝条。其他部位的修剪如同正常树的修剪。"一长两短"树在培养缺枝时,应考虑到将来枝条发生的方向、角度、位置等,其发生枝条的部位应有足够空间,且距地面30～60厘米之内。口诀为:"一长两短,刻芽出干"。

2."一长一短"树的修剪 即只有2个枝条,其中一枝为中心干,另一枝为三大主枝中的1个主枝,还缺2个主枝,其修剪方法是:①对已有的2个枝条延长头进行短截,继续扩冠,若达到培养侧枝以及第二层主枝距离的,按照上述几种处理方法进行。②对缺枝条的部位,采取刻芽、短截二边枝的方法来培养。具体方法是：首先在主干上寻找前1年已萌发但未长出枝条的芽体刻芽，培养出1个枝条，其次在中心干上选一二次枝短截培养另一枝条。③其他部位修剪如同“正常树”的修剪。口诀为：“一长一短，刻芽短剪”。

3.“有长无短”树的修剪　即定干后，全树只有1个枝条，需要培养3个主枝。在培养3个枝条时，应根据树势强弱来区别对待。①生长势比较旺盛，且生长量较大，首先对延长头进行短截。其次再培养另外三大主枝；在距地面40～60厘米的部位，选3个生长健壮的二次枝留一节枣股短截，促使枣股主芽萌发形成三大主枝。②生长势较弱的树，采取重新定干的方法进行。即在距地面60厘米左右部位，将以上部位剪掉，并清除所有二次枝，利用二次枝基部主芽萌发形成新的枝条，相当于新栽苗的定干。口诀为：“有长无短，重新定干或连剪三剪”。

4.“无长无短”树的修剪　即嫁接当年芽体萌发后，只长有枣吊，而没有抽生枝条，或只长出极短的枝条。此种树的修剪方法是：不做任何处理，即甩放。若树体上部有枯死的，则需剪掉枯死部分。口诀为：“无长无短，甩放不剪”。

以上4种树的修剪方法，基本概括了嫁接后第二年进行调整的整形修剪（春剪）情况，但应将整形修剪常用的12种方法综合运用，要做到因枝修剪、随树造形、长远规划、全面安排、以轻为主、轻重结合，从而达到均衡树势，主从分明的“三稀、三密”标准。即上稀下密，外稀内密，大枝稀、小枝密的树冠。切忌盲目修剪，还应认识到枣树的修剪不光是春剪，而是将一系列的修剪方法应用于整个生长周期，夏季修剪也是一项重要内容。

（二）直播枣园简易修剪方法

直播枣园简易修剪是解决密度和产量协调关系的重要手段，密度低、株数少便于树形塑造，但产量上升速度慢；密度高、株数多不利于树形塑造，但前期产量上升快，高效生产有保证。因此，

直播枣园简化修剪技术要解决是协调这一矛盾的方法。其核心是减少密度变动对产量的影响,实现树形由平面转为立体,发挥枝组优势而不是单株优势。建议树形可采用[3(主枝)+n(二次枝)],简化、易操作、成形快。

1. 高密度简化树形修剪方法 第二年培养健壮的主枝(三主枝),在中干50厘米以上处选3个方位适当的二次枝,原则上留1个枣股短截,剪口芽最好为侧芽,且三主枝的选留侧芽能各朝一个方向。中干顶部的第一、第二个二次枝及其余的枝均保留不动以辅养树体,但中干50厘米以下的二次枝逐年疏除。

第三年培养中心干延长头(n个二次枝),在中心干顶部所留的第一个二次枝上留0.5厘米短截,并留0.5厘米剪掉第二个二次枝(两剪刀出),促其主芽萌发抽生中心干延长枝。

2. 直播枣园树形衔接方法

(1)维持高密 直播枣园前期产量优势来自于单位面积株数多,因此维持高密度是保证丰产的重要途径。修剪是实现这一目标的具体手段。在选用[3(主枝)+n(二次枝)]树形基础上,每年进行重度回缩,尤其是骏枣密植园,可保持3~5年的高密度幼龄期,是当前直播枣园的主要做法。

(2)永久与临时兼顾 为实现幼龄期高密度向成龄中密度顺利过渡,培养良好的树体雏形很关键,但前期密度大会造成偏冠、枝条分布不合理现象,生产中常用"永久行与临时行"、"永久株与临时株"来进行解决,永久保留的树按高产树形修剪,临时用途的树按一定枝条量严格控冠,以产量为目标,逐年进行疏除,保证枣园通风透光。

(3)定时转型 在前期维持高密阶段过后,首先按合理株行距去除多余枣树,对保留枣树树形进行改造,放出枣头,按传统树形培养。

（三）直播枣园丰产园相结构

直播枣园要丰产，对群体结构有一定的要求，其丰产群体结构的主要指标如下。

1. 营养面积利用率高，树冠交接幅度适当　营养面积利用率的高低，与果实产量是成正比的。营养面积利用率，通常是和栽植密度、枝叶总量、树相以及立地条件和管理水平密切相关的。适宜的营养面积利用率是优质、丰产的外观标志，也是优质丰产的基础。

据对新疆枣产区调查，成龄丰产枣园的营养面积利用率，一般不低于75%，不超过80%；超过80%之后，由于相邻行间、株间相互遮阴，对果实质量、产量易产生不良影响。枣园树相越整齐，营养面积利用率也越高，质量、产量也有保证。因此，在整形修剪过程中，对幼龄果园，要尽快提高其营养面积利用率。进入盛果期以后，则应通过修剪，维持其最适宜的营养面积利用率。进入盛果期以后的枣园，树冠往往容易交接，但只要不超过20%，相互之间的影响是不大的；树冠交接率大于20%，易造成枝叶密集，群体光照不良，导致减产和果实质量下降。

2. 枝量充足，分布均匀　从生产实践中看到，在长势稳定的丰产枣园中，每生产1000千克枣，需要20万～40万个枣吊，才能保证所需营养。按1个二次枝8～12个枣吊，每667米^{2}枣园的适宜二次枝量为1.5万～4万个。幼龄园，枝量宜适当多些；成龄园的枝量，可适当少些，但也不宜过少。枝量超过30万条/公顷以后，会因枝叶量过多，树冠郁闭，通风透光不良，枝、叶质量下降，无效短枝增多，营养积累不足，下部枝组衰亡，导致质量、产量下降，影响经济效益。

丰产群体结构，除要求充足的枝量外，还应保持健壮、稳定的长势，其指标是：外围新枣头年生长量达40～60厘米，枝条粗壮、充实；二次枝5节左右，花芽健壮、饱满，这是维持成龄果园长期

优质、丰产的基础。对这类果园进行修剪时，应适当加重对骨干延长枝的短截，并剪截在饱满芽处；外围枣头总量控制，不能过长延伸；修剪量要稳定；根据品种不同，注意调节新生枣头枣吊和多年生枣股枣吊的比例，使其保持在 1∶3 左右；维持骨干枝的适宜开张角度。对开张角度过大的骨干枝，可采取适当回缩，抬高其角度，对开张角度小的骨干枝，可采用坠、拉等办法予以开张。

3. 总叶量多，叶面积适宜　叶面积的大小，在一定的范围之内，与产量的高低呈正相关，但这并不是说，叶面积越大产量就越高。但枣园的总叶量过大，便会相互遮阴而影响光照，降低光合效能，减少营养积累。果园立地条件不同，总叶量的多少可以有所区别，适宜的叶面积系数宜保持在 3.5～4。

树龄不同，品种不同、立地条件不同，叶果比和吊果比也不一样。一般情况下，叶果比以 8～10∶1、吊果比以 1∶3～5 为宜。

4. 花量充足，坐果适量　在栽植密度适宜、枝量适中的前提下，花朵坐果率保持在 1%～2%较好，每公顷枣吊留量 2.5 万～5 万个，适宜的留果量：骏枣 8 万～10 万个/公顷，灰枣 10 万～15 万个/公顷。根据目前丰产园吊果比，均认为以 1∶4 最为适宜。在不同地区针对不同树龄，具体细化相应的留果标准和产量目标。

维持合理的树体和群体结构，首先要维持树冠有一定的大小，既要注意避免因长势减弱而加重修剪，造成树冠缩小，覆盖率降低，结果体积减小的弊端，又要防止骨干枝无限延长，增加树体交接，果园覆盖率过大，从而出现通风透光不良的后果。为克服上述不良现象，应注意对骨干枝的缩放修剪，使果园覆盖率长期稳定在 75%左右，保持骨干枝适宜的开张角度和枝组的健壮长势，保持适宜的叶幕层次，使冠内通风透光良好，上下和内外的枝组长势均衡，成花结果良好。通过稳定修剪量和结果量，从而稳定总枝量、枝类组成和枝质。主要是对枝组的细致修剪，并不是加重修剪量，而是通过疏弱留强，减少无效枝，调整花量，维持全树的健壮长势，稳定结果枝组的结果能力。

第三章

枣树施肥技术

一、枣的需肥特点

枣树具无限生长性，营养生长和生殖生长并进期较长，其并进期对养分争夺激烈，因此枣产量的高低、果实大小、品质的优劣等，很大程度上取决于树体营养的状况及分配。只有具备良好的营养水平，枣树才能正常成花结果，优质稳产，创造较高的经济效益。

（一）枣必需的营养元素

1. 枣树需要营养元素的种类　植株是由水分、有机物和矿物质 3 种状态的物质组成的。枣要维持和调节植株正常的生理活动，除了需要水分以外，还必须从土壤中吸收无机物质。枣对于无机营养元素的需要属于全营养类型，即需要各种大量元素和微量元素。枣正常生长发育必需氮、磷、钾、钙、镁、硫、铁、铜、硼、锌、锰、钼、氯以及碳、氢、氧 16 种元素。其中，枣对铁、氯、硼、锌、锰、钼、铜这 7 种元素的需要量极少，仅占干重的百万分之几至几十，因此将其称为微量元素。而枣对其他 9 种元素（氮、磷、钾、钙、镁、硫等）的需要量较大，所以称为大量元素。通常，往往只给

枣树施用氮、磷、钾3类需要量较大的肥料，而对其他十几种元素需要量相对较少的肥料不施。当前，随着生产力的提高和种植制度的变革，土壤中某些微量元素已经出现不足的问题，因此应当对其高度重视。

如果能了解各种无机营养元素在枣生长中的作用，以及枣缺乏某种元素之后的表现症状，便可以创造条件合理施肥，以保证枣正常生长和发育的需要，达到提高产量和改善品质的目的。

枣从土壤中吸收的无机营养元素，主要用于制造植株体内的碳水化合物、蛋白质、脂肪等，它们在植株的同化、贮藏和吸收过程中被植株利用。

下面分别介绍枣主要需求的各种营养元素。

(1)氮　氮为枣生长所必需的元素。它是蛋白质、核酸、磷、酶、生长激素、维生素、叶绿素的重要成分。蛋白质是原生质中最重要的组成部分。大气中氮气体积约占78%，但枣是不能直接利用空气中的氮气的，而土壤中存在的最普遍的铵盐和硝酸盐等无机氮化物是枣吸收利用氮的最好形态。

枣吸收铵离子在植株体内经过还原后，与枣呼吸过程中产生的有机酸一起合成氨基酸。在植株组织内的蛋白质，不是一成不变的，它们一面分解成为氨基酸，一面又在合成新的蛋白质，因此处于经常周转的动态之中。在植株的幼嫩组织中，蛋白质合成占优势，在老组织中分解则占优势。氮素供应充足时，在幼嫩的叶片里产生较多的蛋白质，使叶片长得大些，以便有较大的叶面积进行光合作用。在一定范围内，供给枣氮素的数量与叶面积的增长大体上成正比。

当给枣树施以较高的氮素，叶细胞里合成的碳水化合物很快和氮素合成为蛋白质，细胞里的原生质增加，只留下较少的碳水化合物制造细胞壁。这样细胞里的原生质比细胞壁增加得多，于是细胞的体积增加，含水量增高，细胞壁变薄，结果叶片变得软而多“汁”。在氮素供应过多时，上述情况变得更显著，这种细胞体

积大而细胞壁薄的叶片的叶色深绿，并且很容易受到害虫和病菌的侵袭，以及受到干旱的危害。枣树体内氮素过多，则枝叶徒长，不能充分进行花芽分化，果实品质差，缺乏甜味，着色不良，成熟期也晚。

(2)磷 磷是枣需要量很大的元素之一。通常枣吸收正磷酸状态的磷。当磷进入枣体内之后，有的成为磷酸酯，也有的仍呈正磷酸盐状态。磷在植株体内能自由运转。植株体内磷的分布不均匀，幼龄细胞中较多，老龄细胞中则较少，生殖器官中也较多。

磷是枣体内重要化合物的组成元素，它能加强碳水化合物的合成和运转，并能够促进氮的代谢，促进脂肪的合成，以及提高枣对外界环境的抗逆性和适应性。磷是核酸、磷脂的成分。核酸传递遗传信息，参与细胞分裂和植株分生组织的发育等过程。磷脂是原生质的主要组成成分。由于核蛋白中含有磷，而核蛋白又是原生质、细胞核和染色体的组成成分之一。所以，磷对枣具有重要意义。此外，磷在枣碳水化合物的代谢中起很重要的作用。碳水化合物在植株体内的移动也是在磷酸参与之下完成的。在植株体内，某些维生素与磷酸化合生成新的产物，这些产物参与碳水化合物的代谢过程。磷在枣含氮化合物的代谢中，也有很重要的意义。缺磷时，各种代谢过程受到抑制，植株生长迟缓、矮小、瘦弱、直立，根系不发达，果实较小。在磷酸吡醛素的影响下，才能使氨基化作用、脱氨基作用、氨基转换作用和脱羧基作用等氮素代谢重要环节，得以在植株体内正常进行。在枣营养环境中，提高磷的含量能增加植株对氮的吸收，而植株中氮的含量也明显提高。

在枣生育前期，磷能促进根系发育、幼苗生长及氮素代谢；在生育中期，磷能促进枣由营养生长向生殖生长的转变，使之早现蕾、早开花；在生育后期，磷能促进枣果的成熟，提高单果重，提早成熟，提高产量。此外，磷还能增加枣的抗寒、抗旱等抗逆能力。

(3)钾　枣是喜钾作物,对钾的需要量很大。钾在枣体内分布很广,大部分集中在幼嫩的、富有原生质的生命活动器官、组织的细胞中。钾是以盐类的离子状态被枣吸收的。钾在枣体内几乎完全以离子状态存在,在细胞液中小部分呈可溶盐状态,而在原生态中小部分呈吸附状态。

枣体内有几十种酶需要钾离子作活化剂。所以,钾能促进多种代谢反应,以利于枣的生长发育。钾能促进枣的光合作用,当钾供应充足时,枣的光合磷酸化作用效率提高,使枣能够更有效地利用太阳能进行同化作用。钾能促进糖代谢,对植株中碳水化合物的合成及转移有重要作用。钾能促进枣维管束正常发育,促使厚角组织变厚,韧皮束变粗,茎较坚韧,从而抗性提高。钾能促进蛋白质合成,对氮素代谢有良好的影响。当植株体内钾素充足时,进入植株体内的氮素则较多,形成蛋白质也较多,可溶性氮则减少。植株体内的钾与蛋白质的分布是一致的,如生长点及形成层等蛋白质含量丰富的地方同时也含有较多的钾离子。钾能促进枣经济用水,枣吸收钾元素较多,根系就会比较发达,抗旱能力也因此得到增强。钾能增加原生质胶体的水合程度,提高植株组织的保水能力。由于钾以离子态高浓度积累在枣细胞中,因此细胞渗透压增大,水分便从低浓度的土壤溶液中向高浓度的根细胞中移动,直至渗透压与膨压达到平衡为止。所以,在钾供应充足的情况下,枣能更有效地利用土壤水分,并有较大的能力使水分保持在植株体内,减少水分的蒸腾作用。

钾能增加枣细胞生物膜的持水能力,维持稳定的渗透性,从而提高枣对干旱、霜冻、盐害等外界不良环境的抗逆性。当钾供应充足时,细胞膜内含有浓度相对高的糖类,包括钾在内的各种离子,增加了对水的束缚力,减少了水的蒸腾,使枣不易受冻和受旱。

钾能增强枣的抗病力。当钾供应充足时,植株内可溶性氨基酸和单糖在体内积累得很少,减少了病原菌的营养来源。钾供应充足，可使细胞壁增厚，表皮细胞硅质化程度增加，因而抵抗病菌入侵的能力也增强。当钾素水平高时，有利于植株体内酚类化合物的合成，以增强枣的抗病能力。

钾能促进枣输导组织及机械组织的正常发育，使枣茎干坚韧而不易倒伏，以及使植株健壮。施钾肥能增加原枣产量，提高干物质积累，增加单果重，提高枣果的商品性。

(4)硫 枣只能利用硫酸根离子中的硫元素。硫进入植株之后，大部分都被还原了。硫在枣体内分布较均匀。

硫在枣体内除了一小部分是以硫酸根的形式存在外，大部分以硫氢基或联硫基与其他有机物结合。硫是胱氨酸、半胱氨酸、蛋氨酸等氨基酸的成分，这些氨基酸几乎是所有蛋白质的构成成分，所以硫也是蛋白质的构成成分。辅酶中含有硫，并且和氨基酸、碳水化合物、脂肪等的合成以及这些物质的进一步转变，都有密切的关系。可见，硫在枣代谢过程中的作用是十分重要的。缺硫时叶绿素含量降低，叶色褪淡，严重时呈黄白色。

(5)钙 钙大量存在于枣的叶片和衰老的器官和组织中，它是一个比较不易流动的营养元素，钙只能单向(向上)转移。

钙以果胶的钙盐形式作为细胞壁的组成部分，钙与细胞的正常分裂有关。钙对调解介质的生理平衡有特殊的功效。钙能降低原生质胶体的分散度，使原生质黏性加强，并能减少透性，而钾、钠、镁则正相反。因此，植株体内钾、钙含量的比例，决定着原生质的充水性、黏性、弹性和透性等物理化学性质。同时，也说明了枣的幼嫩器官与衰老器官相比生命活动强度不同的原因。钙具有中和枣组织内有机酸(主要是草酸)的作用，从而减少有机酸的毒害。草酸与钙生成不溶性的草酸钙结晶。钙是某些酶(ATP激酶、淀粉酶等)的辅助因子，从而影响枣体内的代谢过程。钙对蛋白质的合成有一定作用。

(6)镁 镁主要存在于枣幼嫩的、具有生命活动的各个组织器官，镁是叶绿素的成分，缺镁的枣就不能合成叶绿素。镁是很

多酶的活化剂，在植株的碳水化合物代谢中占有重要地位，对脂肪的合成、蛋白质的代谢都能起促进作用。

(7)铁 枣能吸收高价铁和低价铁。铁进入枣体内之后，多以不大活动的高分子化合物的状态存在着，不易转移。

由于铁具有高价铁与低价铁相互转化的特性，所以铁可参加枣体内的氧化还原过程。铁是某些氧化酶(如细胞色素氧化酶、过氧化酶、过氧化氢酶等)的组成成分，所以铁在呼吸过程中起重要作用。叶绿素中虽然没有铁，但铁是叶绿素形成的必要条件，因为叶绿素生物合成中需要有含铁的酶进行催化。铁是磷酸蔗糖酶的最好活化剂，枣缺铁时，将会影响蔗糖的形成。

(8)硼 枣对硼十分敏感，枣中的硼大部分存在于幼嫩细胞的细胞壁中，这些硼往往和果胶物质形成络合物，同时，硼又容易被分离出来。

枣体内含硼量较多，硼对枣生殖过程起重大作用。在花粉形成和受精过程中必须有硼，硼对花粉分化和花粉管的伸长有促进作用，硼在杜头和花粉中大量积累，能保证受精作用的顺利完成。

硼对枣体内糖的合成和运输有促进作用。枣子的发育需要硼，在硼的影响下，蔗糖的运输得到加强。因为硼和糖络合成的糖-硼酸络合物比糖分子容易流动，并能很快通过细胞膜。这样，就可以改善碳水化合物从叶片向结实器官的运送过程。

硼能增加枣的抗寒、抗旱能力，主要是因为硼促进了碳水化合物的合成和运输，提高了蛋白质胶体的黏持性，降低了通透性，增加了胶体结合水的含量。

施硼肥使土壤中硝化细菌发育良好，使反硝化细菌数量减少，对于保持土壤氮素很有好处。对土壤施少量的硼肥还能显著提高其他肥料的效能。

(9)锌 枣是需锌较多的作物。锌是碳酸酐酶的成分，锌与枣的光合作用、呼吸作用有极密切关系。锌是多种酶的组成成分或活化剂，对物质水解、氧化还原过程 、蛋白质合成起着重要作用。

锌能促进生长素吲哚乙酸的合成，有利于植株细胞的生长，能促使枣提早现蕾、开花和坐果，并增加枣单果重和单株果数。

(10) 锰　枣叶绿体中含有锰，它以结合态参加光合作用中水的光解。

锰和有机酸的代谢有密切的关系，植株细胞内苹果酸、丙酮酸、琥珀酸等有机酸的可逆反应的进行都需要锰的参加。因此，锰能提高枣的呼吸强度。锰对氮代谢有影响，是促进肽酶、精氨酸酶活动的许多种金属元素之一。锰是一些酶的活化剂，对植株体内硝酸盐、铵盐的营养转化有重要作用。

当氮以硝酸盐状态在植株内存在时，锰即成为还原剂；当以铵盐存在时，锰即为氧化剂。无论是哪一种情况，锰都能参与植物的氧化还原过程。所以，锰对含氮物质的合成起重要作用。因为锰能提高叶绿体悬胶体的氧化还原电位，因此锰可以提高碳水化合物的同化作用。锰的存在有利于淀粉酶的活动，以及促进淀粉的分解和糖类转移。

(11) 铜　铜在枣体内主要分布在活跃的组织中，枣子及新叶中含铜量较多，老叶和茎中则较少。

铜是枣体内一些氧化酶的组成成分，可以影响呼吸有氧化还原过程。铜是叶绿素中铜酶的组成元素，直接影响枣的光合作用和叶绿素的含量。铜还参加蛋白质和糖类的代谢作用。由于铜能提高枣的呼吸强度和同化能力，所以铜能影响枣蛋白质的合成。

(12) 钼　钼是自生固氮菌、巴氏梭菌、根瘤菌固氮作用的触酶。钼与氮代谢关系密切，是硝酸还原酶的成分，能促进枣对硝态氮的利用，提高枣体内蛋白质的含量。

(13) 氯　氯元素是枣生长发育所必需的。目前仅知道氯元素的作用是与光合作用中的放氧有关，其他作用还有待深入研究。

2. 枣对无机元素的吸收和再利用

(1) 枣根系对无机元素的吸收　枣根系吸收无机营养元素的

特点：枣只能吸收溶于水的无机营养元素。枣吸收无机元素的部位主要是根系，根系吸收营养的方式分为被动吸收和消耗能量的主动吸收2种。在正常施肥情况下，枣一般以主动吸收为主。当外部溶液的离子浓度高于细胞液中的离子浓度时，外部溶液的离子以扩散的方式经过细胞膜进入细胞，这种吸收方式即是被动吸收或非代谢性吸收。这种吸收的速度比较快，而且离子从外部溶液进入细胞的同时，也有一些离子从细胞内出来。在此过程之后，外部溶液浓度降低到低于细胞内部溶液浓度，但细胞能以缓慢持续的方式吸收外部离子。此时，维持这种吸收要消耗细胞的特殊的呼吸代谢所产生的能量来进行。植株细胞从比细胞内部离子浓度低的外部溶液中吸收离子的能力，称为主动吸收或代谢吸收能力。

根系对同一溶液的不同离子和同一种盐的阴阳离子的吸收速度是不一样的。根部吸收离子的数量与溶液中的离子不成比例，因为枣吸收溶液离子是有一定选择性的。

(2)枣根系吸收无机元素的部位 枣根系吸收无机元素的部位与吸水部位相似，都是根尖部分，而根毛区是根尖吸收无机元素离子最活跃的区域。根毛区吸收无机元素不但能力强，而且随着输导组织分化的完成，能很快地把所吸收的无机元素向地上部运送。吸收盐类最有效的区域只是根尖的2～3厘米以内的部位，虽然其他部分并没有栓质化，但实际上吸收盐分的比例很少，这是由于无机离子的吸收和呼吸有密切的关系，所以盐分吸收强度和呼吸强度一致。

在枣生长时应根据枣根系吸收营养元素的部位对施肥和枣根系进行相应的管理，长势正常的枣，应尽量保护枣根系的根毛区，以充分吸收养分；如果长势过旺，则有时要采取措施，切断一部分根系，以减少枣对养分的吸收。

(3)枣根系吸收无机元素的过程 无机元素离子进入枣根系细胞的过程包括两方面：一是非代谢性吸收，二是代谢性吸收。

呼吸作用所释放的能量一方面用于植株对物质吸收、积累过程中能量的消耗；另一方面呼吸所放出的二氧化碳溶解在水中生成碳酸，它可离解为氢离子和碳酸氢根离子，并附在原生质的表层。此后，这些离子便分别迅速与土壤溶液中的阳离子和阴离子进行交换。交换的结果是盐类的离子即被吸附在原生质表层，并进一步向枣体内转移，或者是不通过土壤溶液，土粒表面所吸附的各种离子直接与其进行接触交换。

(4)枣根系对难溶解矿物质的利用 枣的根系不仅能够从土壤溶液和土壤微粒上获得矿物质，而且能通过根部的呼吸代谢活动，形成碳酸、柠檬酸、苹果酸、葡萄糖酸等。这些有机酸或无机酸都能够溶解难溶性的矿物质，使其成为易溶性离子，供根系吸收利用。

(二)不同生育时期枣的需肥特点

枣树的营养状况年周期内不尽相同，表现为春季养分从多到少，夏季处于低养分时期，秋季养分开始积累，到冬季养分又处于相对较高期。掌握营养物质的合成运转和分配规律，有利于克服果园管理中的片面性，从而达到高产、优质、稳产、高效之目的。

枣树栽培需掌握需肥的 2 个重要时期，采取针对性措施才能取得好的效果。

1. 氮的临界期 枣叶幕建成期是氮需求旺盛期，也是枣需肥的第一个高峰期。此期若供氮不足，会造成生长缓慢，树生长势弱，枝条细弱，叶片小，花芽分化数量少、质量差，园相和总产量会受到影响。

2. 营养的最大效率期 枣果实发育期是第二个需肥高峰期。氮、钾对产量和品质十分关键，保证此阶段肥料供应，是增加产量和单果重、防止树势衰退和优质丰产的关键措施。

（三）枣树各生育阶段的营养需求及管理要点

根据当前直播枣园生产特点，枣树全年生长发育可分为叶幕建成期、花期、果实发育期和成熟后期，每个生育阶段都有不同的生长中心和营养需求。

1. 叶幕建成期　这一时期包括萌芽、展叶和新梢迅速生长，即从萌芽到新梢摘心。此期枣树的一切生命活动的能源和新生器官的建造，主要依靠上年贮藏营养和基肥施用。

枣树营养利用是通过光合作用完成的。叶片在光的条件下，利用根系从地下吸收的养分和水分，同时吸收二氧化碳，转化成有机营养。可见枣树生长发育的好坏，关键是叶片的质量与光合效能，以及强壮的根系与吸收水分、养分的能力。枣叶幕建成在5月底至6月初，单叶生长2～4周基本达到正常的大小，成龄叶片一直到落叶前都在合成树体所需要的营养，大约6个月的时间。保证正常的展叶和叶片质量，快速建成叶幕，创造良好的通风透光条件，防止早期落叶是优质丰产的关键。

这一时期养分供应的多少，不但关系到早春萌芽、展叶、新梢生长和开花，叶片只有长到成龄叶面积的70%左右时制造的光合产物才能外运，而且整体叶幕质量影响后期枣树生长发育和同化产物的合成积累。营养供应充足的枣树叶片大而厚，开花早而整齐，而且对外界不良环境有较强的抵抗能力，表现叶大、枝壮、坐果多、生长迅速等。

2. 花期　这一时期是枣生理代谢最活跃、水肥管理最复杂的时期，营养生长和生殖生长对营养竞争激烈，是决定枣后期生育进程、营养状况和经济产量的关键时期。此期叶幕已经形成，新生枣头枝封顶，进入花芽分化，树体消耗以利用当年叶片合成有机营养为主。所以，此期管理水平直接影响当年成花数量与质量，也关系着产量高低和果质优劣。此期保证磷、钾供应，可提高花的分化质量，有利坐果，而氮的供应既不能缺少又不能过多，以利于稳长和坐果。

3. 果实发育期　果实发育期约100天，前期与花期重叠，后期生长中心以生殖生长占优势。体内养分主要供给枣果，但又得保证足够的养分供给营养器官，以防止树势衰退。是枣需水需肥的第二个高峰期。钾肥供应充足是影响枣果内在品质和抗逆性的核心。

4. 成熟后期　这一时期大体从果实完全成熟到采收落叶。此时枣树已完成周期生长，所有器官体积上不再增大，只有根系还有部分生长，吸收养分和消耗营养都在减弱。叶片中的同化产物除少部分供果实外，绝大部分从落叶前1～1.5个月内开始陆续向枝干的韧皮部、髓部和根部回流贮藏。生长期结果过多或病虫害造成早期落叶等都会造成营养消耗多，积累少，树体贮藏养分不足，而此期贮藏营养对枣树越冬及翌年春季的萌芽、开花、展叶、抽梢和坐果等过程的顺利完成有显著的影响，可见充分提高树体贮藏营养是枣树丰产、优质、稳产的重要保证。

综上所述，枣树周年营养分配的动态特点为：春季为局部供应期，春末夏初5月下旬至7月上旬为多器官竞争期，7月中旬至9月下旬为均衡分配期，秋季到落叶前为向下集中分配期，而冬季则为养分积累期。枣树营养物质的合成、积累和转化是其生长和结果的基本规律，在一定的年龄、生态条件、管理水平下，每年合成的光合产物是有限的。而春季的管理对象重点是迅速建成叶幕，初夏管理对象重点是促进花芽分化，夏秋季是保证果实正常的发育膨大。从枣树的产量而言，只有保证三个要素才能达到目的，即成花量多少、坐果率高低和果实大小。因此，其栽培技术的实施应着眼于：①最大限度地提高枣树营养物质的合成和积累水平；②最大限度地把营养物质转化到花芽分化和果实膨大中去；③最大限度地减少营养物质的无效消耗，通过树势调节，防止早衰或虚旺，以达到壮树、稳产、优质、高产的目的。

二、枣树各生育阶段的营养需求量

营养需求量是枣园合理施肥的一个重要而复杂的技术问题。正确的施肥量，以调控好各种营养元素的比例为准，可以保持枣园常年稳定的产量、优质的产品和健壮的树体，延长盛果龄期，并且避免因某些营养元素匮乏或过剩、不平衡而降低肥效，甚至引发营养性的生理病害。

（一）枣树生产对养分的需求量

鉴于目前枣树营养需求量缺少科学系统研究的状况，这里介绍的需求量只能以我国高产园区的经验为参考。从山东省乐陵县园艺场高产园施肥的经验总结出，在保持树体健壮和果实品质的状况下，连续3年获得每667米^2 1500千克左右高产时的营养需求量为：每形成100千克鲜枣所需养分一般为纯氮1.6～2千克，五氧化二磷0.9～1.2千克，氧化钾1.3～1.6千克较好，其中有机肥所含氮、磷、钾应占60%以上，以维持和提高土壤有机质的微量元素含量。新疆因土地较瘠薄，枣生产营养需求量较内地多，新疆农垦科学院在和田研究结果如表3-1所示。

表3-1　枣树对氮磷钾养分的吸收量和吸收比例

垦区	产量（千克/667米^2）	每生产100千克枣吸收量（千克）			氮∶五氧化二磷∶氧化钾
		氮	五氧化二磷	氧化钾	
和田	500	2	1.3	1.6	1∶0.65∶0.81
	1000	2.5	1.6	2	1∶0.65∶0.81
	1500	3	2	2.4	1∶0.65∶0.81

（二）枣树施肥制度

枣树以每667米^{2}产量1500千克为例，全年施氮、五氧化二

磷、氧化钾共110千克，氮磷钾的比例为1∶0.65∶0.81。其中，基肥投入占全年总量的40%左右，其余在生长季追施（表3-2）。

表3-2　枣树合理施肥方案

各生育期	叶幕建成前期	叶幕建成后期	花期	果实发育期	成熟后期	合计
施氮占追肥总量(%)	40	20	—	40	—	100
施磷占追肥总量(%)	30	—	40	—	30	100
施钾占追肥总量(%)	30	—	30	40	—	100

注：表中各次施肥量是追肥总量的百分数，根据实际情况可进行调整。

三、肥料的合理施用

（一）施肥原则

施肥的对象是枣树，因此施肥首先要考虑枣树的营养特性。各种作物的营养是不同的，同一种作物在不同的生育时期对营养的要求也是不同的。也就是说，不同作物或作物在不同的生育时期对营养元素的种类、数量及其比例都有不同的要求。

其次，施肥主要是通过土壤供给作物营养的，那么土壤性质必然影响施肥的效果，所以施肥也必须根据土壤性质来进行，其中主要考虑的是土壤中各养分的含量、保肥供肥能力和是否存在障碍因子等情况。

再次，就是考虑气候与施肥的关系，如干旱地区或干季节、雨水多的地区或湿季节、低温和高温季节应如何施肥。总之，气候影响施肥效果，施肥影响作物对气候条件的适应与利用。此外，施肥必须考虑与其他农业技术措施的配合。

（二）常用肥料及合理施用

1. 常用肥料种类及养分含量　枣树生产过程中常用肥料包

括有机肥、化肥和微量元素肥料，准确了解其常用类型和养分含量对施用时科学用量很关键，介绍如下。

(1)常用有机肥种类及养分含量 如表3-3所示。

表3-3 常用有机肥养分含量

名称	有机物	氮	五氧化二磷	氧化钾
猪粪	25	0.6	0.4	0.44
羊粪	31.4	0.65	0.47	0.23
鸡粪	25.5	1.63	1.54	0.85
牛粪	15	0.32	0.21	0.16
草木灰			2.1	4.99
棉籽饼	19	5.6	2.5	0.85
玉米秆	18	0.45	0.38	0.64

(2)常用化肥种类及养分含量 如表3-4所示。

表3-4 常用化肥养分含量

肥料		氮(%)	磷(%)	钾(%)	备注
氮肥	尿素	46			
	硫酸铵	20～21			
	碳酸氢铵	16～17			
	硝酸铵	23～35			
	硝酸镁钙	20～21			
	氯化铵	24～25			
	硝酸钙	13			
磷肥	过磷酸钙(普钙)		12～18		
	重过磷酸钙(或三料磷肥)		42～48		
	钙镁磷肥		14～18		
	磷矿粉		14		

续表 3-4

	肥料	氮(%)	磷(%)	钾(%)	备注
钾肥	硫酸钾			48～52	
	氯化钾			50～60	
	草木灰			5～10	
	窑灰钾肥			8～12	
复合肥	磷酸二铵	18	46		
	磷酸一铵	11～13	51～53		
	硝酸磷肥	20	20		磷酸二钙、磷酸一铵和硝酸铵的混合物
	磷酸二氢钾		24	27	
	三元复合肥	10	10	10	

(3) 常用微量元素肥料种类及养分含量　如表 3-5 所示。

表 3-5　常用微量元素肥料种类及含量

种　类	含　量	施用特点
硼　砂	B11%	可作基肥、追肥；喷施浓度 0.1%～0.25%
钼酸铵	Mo50%～54%	基肥、追肥；喷施浓度 0.02%～0.05%
硫酸锌	Zn35%～40%	基肥、追肥；喷施浓度 0.1%～0.2%
硫酸亚铁	Fe19%～20%	根外追肥；喷施浓度 0.2%～1%

2. 各类肥料的合理施用

(1) 氮肥的种类、性质和施用　氮肥品种很多，大致可分为铵态、硝态、酰胺态和长效氮肥 4 种类型。各类氮肥的性质、在土壤中的转化和施用既有其共同之处，也各具有特点。

根据气候条件不同，氮肥肥效受气候条件如雨量、温度、光照强度等因素影响很大。一般干旱地区和年份氮肥肥效较差，湿润地区和年份肥效较好。试验表明，在水分供应充足时，对氮肥施

用量的反应最大，产量曲线陡直上升。因此，尤其在半干旱和干旱地区，水分影响氮素效应的这种关系，往往成为决定施肥方针的依据。在采用滴灌措施的枣园，氮肥随水施用是提高氮肥利用率最为有效的方式。

骏枣对氮肥更加敏感和偏好，比灰枣需要较高的氮素供应。同时，氮素营养过多，容易使枣营养生长过旺，影响坐果率，引起产量和质量下降。通常施纯氮量为：每产鲜枣 100 千克/667 米^2 需 2 千克。根据土壤肥力可适当调整，为了提高氮肥效益，在氮肥分配上应重视中、低产田施肥。而目前一般都重视高产园，忽视中、低产田园，这就不能使现有的化肥发挥最大的经济效益，达到均衡增产。

在施用方式上，铵态氮肥和尿素深施是防止氮素损失、提高氮肥肥效的一项重要措施。深施可减少氨的直接挥发，减少硝化淋失和反硝化脱氮损失。深施肥效持久，可克服表施造成前期徒长而后期脱肥早衰的缺点。深施有利于促进根系发育，增强对养分的吸收能力。深施方法有基肥深施、追肥沟施、穴施等。

氮肥与有机肥配合施用：氮肥与有机肥配合施用对夺取高产、稳产、降低成本具有重要作用，而且又是改良土壤和提高肥力的重要手段。据研究，有机肥和化学氮肥配合施用时，改变了土壤的供氮特点和氮素去向。混合施用时，无机氮可提高有机氮的矿化率，有机氮可提高无机氮的生物同化率。因此，在有机、无机肥混合施用体系中，土壤供氮状况显然要比有机氮单施有较高而持久的肥效。

（2）磷肥的种类和施用　不同方法生产的磷肥，按其中所含的磷酸盐溶解度不同可分为 3 种类型，难溶性磷肥、水溶性磷肥和弱溶性磷肥。应选取水溶性好的磷肥。

磷肥的有效施用应根据土壤性状、果树特性、轮作制度、磷肥品种以及施用技术等进行综合考虑。土壤有效氮与有效磷的比例是影响磷肥肥效的重要因子之一。土壤处于氮多磷少的状况下，施用磷肥大多有较好的增产效果，磷、氮施用比值越大，磷肥效果越明显。土壤有机质含量与有效磷含量呈明显的正相关，有机质含量越高，土壤有效磷含量就越高。土壤酸碱度也影响磷的有效性：对大多数土壤来说，磷的有效性以 pH 值 5.5～7.9 的范围最大，pH 值低于 5.5 或高于 7.0 时磷的有效性都降低。土壤酸碱度还会影响作物根系的吸收，进而影响对磷的吸收。土壤熟化度和施肥等因素也会影响土壤中有效磷的含量。凡熟化度高的和施用多量有机肥的土壤，有效磷亦较高，施用磷肥的效果则较差，反之肥效增加。

磷肥要集中施用、配合施用。为了减少水溶性磷肥与土壤接触面积，以减少磷的固定，同时设法增强磷与根系的接触机会，促进根的吸收，提倡集中施用，如采用条施、穴施等施用方法。从枣园养分状况来看，缺磷的土壤往往也可能缺氮，这是因为枣树对各种养分的要求是按一定的比例吸收的。磷肥与质量较高的厩肥或堆肥混合沤后施用，可减少磷的固定，提高肥效。

（三）测土配方施肥

1. 土壤取样方法 土壤样品采集是测土配方施肥的重要组成部分和土壤诊断最重要的环节。通过样品检验，可了解土壤中的养分丰缺、障碍因子存在情况及其原因，为合理施肥决策提供依据。因此，样品采集是否有代表性，决定测土配方施肥质量的好坏。

土壤样品采集分 3 个步骤，即采样前准备、采样和采样后样品处理。

(1)采样前准备 普通测土配方施肥采样无特殊要求，准备采样必需的工具，如铁铲、塑料袋、标签纸即可。

大面积测土配方施肥应利用本区采样资料，收集各级土壤图、常年生产情况、设计调查内容表格等。收集资料，主要用于了解本区内土壤分布规律、农业生产现状，制定符合实际情况的采样计划，包括采样具体地点、采样线路、采样数量等。所需的工具有铁铲、土

刀、塑料布、塑料袋、小绳子、铅笔、采样标签纸、GPS定位仪等。

(2)采　样

①采样田块　先将采样地点的土壤类型、肥力等级相同区域，按6.7～13.3公顷划一个采样单元。在采样单元内，选相对中心位置的典型地块为采样地块，面积667～6 670米²。

②采样时间　在枣收获后或播种施肥前采集，一般在秋后，一些特殊要求根据需求决定。如了解枣各生育期肥力变化，在枣收获后采样；了解土壤养分变化和枣高产规律，在各生育时期定期采样；解决生产过程中所出现的问题则随时采样。

③采样深度　枣树根系主要分布在20～60厘米土层，采0～60厘米土层，研究养分在土体中的分布规律，采用分层取样。

④取样点数　通常化验样品是少量的，而化验结果是要反映大面积土壤情况的，如果所采的样品没有代表性，即使化验再准确也无实用价值。因此，不能在采样地块中单一点取样，而必须多点取样、混合均匀。采样点数数量，根据地形地貌、肥力均衡性和采样地块的大小而定。地形地貌较复杂的要多采些，肥力差异较大的地块相应要比肥力均匀的田块要多一些，田块大的要比田块小的多一些。一般地块面积小于0.67公顷，取5～10个点；0.67～2.7公顷，取10～15个点；大于2.7公顷取15个点以上。

⑤取样点分布　原则是分布均匀，不能过于集中，要避开田边、路边、沟边、肥堆边和施肥处等特殊部位。根据地块大小、地形地势、肥力均匀等因素来确定，分对角线、棋盘式和蛇形3种方法，各布点法适用情况见表3-6。

表3-6　取样点分布表

方　法	地块大小	采样点数	地　势	地　形	肥力均匀
对角线	小	少	平	端正	匀
棋盘式	中	较多	较平	较整齐	较匀
蛇形式	大	多	不平	不规则	不匀

⑥采样　每个采样点的取土深度及采样量应均匀一致，土样上层与下层的比例要相同，取样工具应垂直于地面入土，深度相同。采样时，选用小铁铲取土，先挖成与铲一样宽、与取样要求深度相同深的土坑，将土坑一面铲成垂直面，然后从垂直一面铲取1～2厘米厚的土样。特别注意的是，如测定微量元素的样品，必须用不锈钢或非金属取土工具采样。

⑦样品质量　样品最终质量要求0.5～1千克。在采样过程中，采取的混合样一般都大于该质量，所以要去掉部分样品，将所有采样点的样品摊在塑料布上，除去动植物残体、石砾等杂质，并将大块的样品整碎、混匀，摊成圆形，中间画十字分成4份，然后对角线去掉2份，若样品还多，将样品再混合均匀，再反复进行四分法，直至样品最终质量为0.5～1千克(试验用的样品2千克)为止。

⑧装袋　采集的样品放入统一的样品袋，用铅笔写好标签，内、外各一张。标签内容包括编号、采样地点、采样深度、地块位置(部分测土配方施肥要求填经纬度)、农户、采样时间、采样人等。

⑨相关内容调查了解　其目的是为正确地做出施肥决策提供参考。主要内容有耕地生产性能、历年施肥水平、生理性病害、农田生态、成土条件、生产设施、作物长势等。

(3)采样后样品的处理

①晾干　样品采集后，未能及时化验或未能送到化验室化验的样品，应及时摊开于塑料布上，在通风、干燥、避免阳光照射和不靠近肥料、农药处自然晾干。需晾干的样品较多时，必须将一张标签纸放在样品中，另一张标签纸和样品袋用样品及塑料布压住。样品晾干后，按采样的装袋方法装袋，待送化验单位分析化验。

②送样　样品数量较多时，要按编号次序装箱，内、外附上送样清单。同时，填写好送样单，送样单的内容包括统一编号、原编

号、采样地点、地块位置(填经纬度)、地块编号、要求分析化验项目和提交报告日期、送样单位、送样人、送样日期、通讯联系方式等。

2. 土壤养分测定 土壤养分测定是枣平衡施肥的重要环节,也是制定枣肥料配方的重要依据。因此,土壤养分测定在枣平衡施肥工作中起着极为重要的作用。土壤养分测定方法有:M3 土壤有效养分的测定(推荐方法)、ASI 土壤养分测定法、土壤养分常规分析方法和土壤养分速测 4 种方法。目前,新疆枣平衡施肥的土壤养分测定以常规方法为主。

枣平衡施肥对土壤养分的测定项目通常包括有机质、全氮、碱解氮、有效磷、速效钾等,同时也有针对性地测定微量元素的有效态含量。

(1)样品制备

①新鲜土样的制备 某些土壤成分如低价铁、铵态氮、硝态氮等在风干过程中会发生显著变化,必须用新鲜样品进行分析。为了能真实反映土壤在田间自然状态下的某些理化性状,新鲜样品要及时送回室内进行处理和分析。如需要暂时贮存时,可将新鲜样品装入塑料袋,扎紧袋口,放在冰箱冷藏室进行速冻固定。新鲜样品可先用粗玻璃棒将样品弄碎混匀后迅速称样测定。

②风干土样的制备 将风干后的样品平铺在制板上,用木棍或粗玻璃棍碾压,将植物残体、石块等侵入体和新生体剔除干净,细小已断的植物须根,可用静电吸的方法清除。压碎的土样全部通过 2 毫米孔径筛。可测定 pH 值、盐分、有效养分等项目。

将通过 2 毫米孔径筛的土样用四分法取出一部分继续研磨,使之全部通过 0.25 毫米孔径筛,可测定有机质、全氮等项目。如测定矿物质成分等项目还需研磨,使之通过 0.149 毫米孔径筛。

(2)养分测定

①土壤有机质的测定 土壤有机质直接影响土壤的保肥性、保墒性、缓冲性、适耕性、通气性和土壤温度。土壤有机质含量的

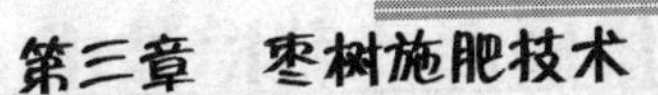
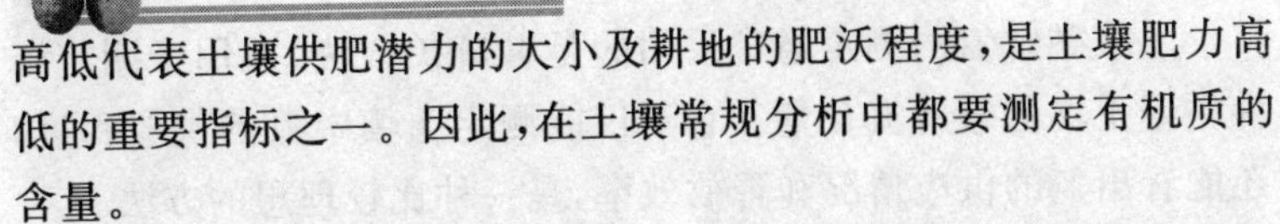

高低代表土壤供肥潜力的大小及耕地的肥沃程度，是土壤肥力高低的重要指标之一。因此，在土壤常规分析中都要测定有机质的含量。

土壤有机质测定普遍常用的方法是油浴加热-重铬酸钾容量法。其特点是设备简单，操作简便快捷，再现性好，适用于大批量分析。其原理是，在加热条件下（油浴温度170℃～180℃沸腾5分钟），用一定浓度的过量重铬酸钾-硫酸溶液氧化土壤中的有机碳，剩余的重铬酸钾用硫酸亚铁标准溶液滴定，根据消耗的重铬酸钾量和氧化校正系数（与干烧法相比，只能氧化90%的有机碳，故需乘以氧化校正系数1.1），计算出有机碳量，再乘以换算系数1.724（有机质按平均含碳58%计算），即为土壤有机质含量。

当土壤有机质含量小于1%时，平行测定结果的相差不得超过0.05%；含量为1%～4%时，不得超过0.1%；含量为4%～7%时，不得超过0.3%；含量为10%时，不得超过0.5%。

②土壤全氮的测定　氮素是作物必需的重要元素之一。土壤氮素含量高低是土壤肥力的重要指标。土壤中氮素的总储量（即全氮）及其存在状态将影响作物的产量。测定土壤全氮含量，不但可以作为氮肥施用的重要参考，而且可以作为评价土壤肥沃程度的重要指标，并据此制定氮肥合理施用的有效技术措施。

在平衡施肥中，全氮的测定通常采用半微量凯氏法，测定原理是：土壤中的含氮有机化合物在加速剂（催化剂）的参与下，用浓硫酸消煮，经过复杂的高温分解反应，使其中所含的氮转化为铵态氮，碱化后蒸馏出来的氨用硼酸吸收，以酸标准溶液滴定，测出土壤全氮含量（不包括全部硝态氮）。

③土壤碱解氮的测定　土壤碱解氮也称土壤有效氮，它包括无机的铵态氮、硝态氮和土壤有机氮中易被分解的部分氨基酸、酰胺、易水解的蛋白质等。土壤碱解氮含量与土壤有机质含量呈正相关。研究和生产实践表明，土壤碱解氮的含量可以反映出近期内土壤氮素的供应水平，对于合理施用氮肥具有重要的指导意义。

土壤碱解氮的测定通常采用的是碱解扩散法，适用于测定各种类型土壤的碱解氮含量。它不仅能测定土壤中氮的供应程度，还能看出氮的供应情况和释放效率，是一种比较理想的方法。

④土壤有效磷的测定　土壤有效磷也称土壤速效磷，它包括水溶性磷和弱酸溶性磷。土壤有效磷的测定采用碳酸氢钠-钼锑抗比色法，适用于石灰性土壤及中性土壤的测定，即用0.5摩/升碳酸氢钠溶液浸提土壤有效磷。碳酸氢钠可以抑制溶液中Ca^{2+}的活性，使某些活性较大的磷酸钙盐被浸提出来，同时也可使活性磷酸铁、磷酸铝盐水解而被浸出，浸出液中的磷不致次生沉淀，并可用钼锑抗比色法定量。

⑤土壤速效钾的测定　常用乙酸铵提取-火焰光度法测定，即以中性的1摩/升乙酸铵溶液为浸提剂，NH_4^+与土壤胶体表面的K^+进行交换，连同水溶性钾一起进入溶液。浸出液中的钾可直接用光焰光度计进行测定。

(3)土壤养分分级指标　新疆枣区土壤较瘠薄，养分含量低，土壤养分分级指标与其他枣树区有所不同。新疆农垦科学院的科技人员经过多年的取样分析，提出了该枣树区的土壤养分分级指标（表3-7），可供其他枣区参考。

表3-7　新疆枣区土壤养分分级指标表

养分级别	极低	低	中	高
有机质(克/千克)	<5	5～10	10～20	>20
碱解氮(毫克/千克)	<20	20～50	50～80	>80
速效磷(毫克/千克)	<5	5～15	15～30	>30
速效钾(毫克/千克)	<120	120～200	200～350	>350
肥料反应	极显著	显著	较显著	不显著

3. 平衡施肥技术

(1)枣平衡施肥的概念　枣平衡施肥是根据枣需肥规律、土壤供肥性能与肥料效应，根据本地区枣园土壤普查和多点肥料试验结果，按照“缺什么补什么，缺多少补多少”的原则，科学、合理地运筹肥料品种、数量及施肥时期和方法，以实现优质、高产、低成本的施肥新技术。

平衡施肥技术的核心是调节和解决枣需肥与土壤供肥之间的矛盾。同时，有针对性地补充枣所需的营养元素，枣缺什么元素就补充什么元素，需要多少补多少，以实现各种养分的平衡供应，满足枣生长发育的需要。此外，还能达到提高肥料利用率和减少用量、提高枣产量、改善枣品质、节省劳力、节支增收的目的。

(2)平衡施肥的原则　提高枣的产量和品质。提高土壤肥力，用地养地结合。增加经济效益与社会效益。不污染土壤、水质。

(3)平衡施肥的基本原理　平衡施肥是以养分归还(补偿)学说、最小养分律、同等重要律、不可代替律、肥料效应报酬递减律和因子综合作用律等为理论依据，以确定不同养分的施肥总量和配比为主要内容。为了充分发挥肥料的最大增产效益，施肥必须与选用良种、肥水管理、种植密度、耕作制度和气候变化等影响肥效的诸因素结合，以形成一套完整的施肥技术体系。

①养分归还(补偿)学说　枣产量的形成有许多养分来自土壤，但不能把土壤看作一个取之不尽、用之不竭的“养分库”。为保证土壤有足够的养分供应容量和强度，保持土壤养分的输出与输入间的平衡，必须通过施肥这一措施来实现。依靠施肥，可以把被枣吸收的养分“归还”土壤，确保土壤肥力。

②最小养分律　枣生长发育需要吸收各种养分，但严重影响枣生长、限制产量的是土壤中相对含量最小的养分因素(最小养分)。如果忽视最小养分，即使继续增加其他养分，枣产量也难以再提高。经济合理的施肥方案，是将枣所缺的各种养分同时按枣所需比例相应提高。

③同等重要律　无论大量元素或微量元素，都是同样重要、

缺一不可的。即使缺少某一种微量元素，尽管它的需要量很少，仍会影响枣的某种生理功能而导致减产。如枣缺锌导致植株矮小，缺硼则蕾而不花。微量元素与大量元素同等重要，不能因为需要量少而忽略。

④不可替代律　枣需要的各营养元素，相互之间不能替代。如缺磷不能用氮代替，缺钾不能用氮、磷配合代替。缺少什么营养元素，就必须施用含有该元素的肥料进行补充。

⑤报酬递减律　从一定土地上所得的报酬，随着向该土地投入的劳动和资本量的增大而有所增加，但达到一定水平后，随着投入的单位劳动和资本量的增加，报酬的增加却在逐渐减少。当施肥量超过适量时，枣产量与施肥量之间的关系就不再是曲线模式，而呈抛物线模式了，单位施肥量的增产会呈递减趋势。

⑥因子综合作用律　枣产量高低是由影响枣生长发育诸因子综合作用的结果，但其中必有一个起主导作用的限制因子，产量在一定程度上受该限制因子的制约。为了充分发挥肥料的增产作用和提高肥料的经济效益，一方面，施肥措施必须与其他农业技术措施密切配合，发挥生产体系的综合功能；另一方面，各种养分之间的配合施用，也是提高肥效不可忽视的问题。

(4)平衡施肥的基本方法　基于田块的肥料配方设计，首先要确定氮、磷、钾养分的用量，然后确定相应的肥料组合，通过提供配方肥料或发放配肥通知单，推荐指导农民使用。肥料用量的确定方法，主要包括养分平衡法、肥料效应函数法、土壤养分丰缺指标法和土壤与植株测试推荐施肥方法。

①养分平衡法　根据枣目标产量需肥量与土壤供肥量之差估算目标产量的施肥量，通过施肥补足土壤供应不足的那部分养分。施肥量的计算公式为：

$$施肥量(千克/667\ 米^2)=\frac{目标产量所需养分总量-土壤供肥量}{肥料中养分含量\times 肥料当季利用率}$$

肥料利用率指施肥区作物体内该元素的吸收量减去无肥区

作物体内该元素的吸收量占施用土壤中肥料养分总量的百分率，可用下式表达：

$$\text{肥料利用率}(\%)=\frac{\text{施肥区作物体内该元素吸收量}-\text{无肥区作物体内该元素吸收量}}{\text{所施肥料中该元素的总量}}$$

养分平衡法涉及目标产量、需肥量、土壤供肥量、肥料利用率和肥料中有效养分含量五大参数。目标产量确定后因土壤供肥量的确定方法不同，形成了地力差减法和土壤有效养分校正系数法2种方法。

地力差减法是根据枣目标产量与基础产量之差来计算施肥量的一种方法，其计算公式为：

$$\text{施肥量}(\text{千克}/667\text{米}^2)=\frac{(\text{目标产量}-\text{基础产量})\times\text{单位经济产量养分吸收量}}{\text{肥料中养分含量}\times\text{肥料当季利用率}}$$

土壤有效养分校正系数是通过测定土壤有效养分含量来计算施肥量。其计算公式为：

$$\text{施肥量}(\text{千克}/667\text{米}^2)=\frac{\text{单位产量养分吸收量}\times\text{目标产量}-\text{土测值}\times 0.15\times\text{有效养分校正系数}}{\text{肥料中养分含量}\times\text{肥料当季利用率}}$$

②肥料效应函数法　根据田间试验结果建立本地枣的肥料效应函数，直接获得本地枣的氮、磷、钾肥料的最佳施用量，为肥料配方和施肥推荐提供依据。

③土壤养分丰缺指标法　通过土壤养分测试结果和田间肥效试验结果，建立本地枣土壤养分测试结果指标，提供肥料配方。土壤养分丰缺指标是田间试验收获后计算产量，用缺素区产量占全肥区产量的比例，即相对产量的高低来表达土壤养分的丰缺情况。相对产量低于50%的土壤养分为极低，50%～75%的为低，75%～95%的为中，大于95%的为高。对其他田块，通过土壤养分测定，就可以了解土壤养分的丰缺状况，提出相应的推荐施肥量。

④土壤与植株测试推荐施肥方法　该技术综合了目标产量法、养分丰缺指标法和作物营养诊断法的优点，在综合考虑有机肥、管理措施的基础上，根据氮、磷、钾和中、微量元素的不同特征，采取不同的养分优化调控与管理策略。其中，氮素推荐根据土壤供氮状况和枣需氮量，进行实时动态监测和精确调控，包括基肥和追肥的调控；磷、钾肥通过土壤测试和养分平衡进行监控；中、微量元素采取因缺补缺的矫正施肥策略。该技术包括氮素实时监控、磷钾养分恒量监控和中、微量元素养分矫正施肥技术。

(5)平衡施肥的步骤　平衡施肥技术包括田间试验、土壤测试、配方设计、校正试验、效果评价5个环节。

①田间试验　田间试验是获得枣最佳施肥量、施肥时期、施肥方法的根本途径，也是筛选、验证土壤养分测试技术，建立施肥指标体系的基本环节。通过田间试验，可掌握各个施肥处理期间枣优化施肥量，基肥、追肥分配比例，施肥时期和施肥方法；摸清土壤养分校正系数、土壤供肥量、枣需肥参数和肥料利用率等基本参数；构建枣施肥模型，为施肥时期和肥料配方提供依据。

②土壤测试　土壤测试是制定肥料配方的重要依据之一。随着枣生产水平的提高，枣高产园不断涌现，施肥结构和数量发生了很大的变化，土壤养分库也发生了明显改变。通过开展土壤氮、磷、钾及中、微量元素测试，可了解土壤供肥能力状况。

③配方设计　肥料配方设计是测土配方施肥工作的核心。通过总结田间试验、土壤养分数据等，划分不同地块施肥分区；同时，根据气候、地貌、土壤、耕作制度等相似性和差异性，结合专家经验，提出不同作物的施肥配方。

④校正试验　为保证肥料配方的准确性，在每个平衡施肥点设置配方施肥、本地习惯施肥、空白施肥3个处理方法，以本地枣主栽品种为研究对象，对比配方施肥的增产效果，校验施肥参数，验证并完善肥料配方，改进测土配方施肥技术参数。

⑤效果评价　农民是测土配方施肥技术的最终执行者和落

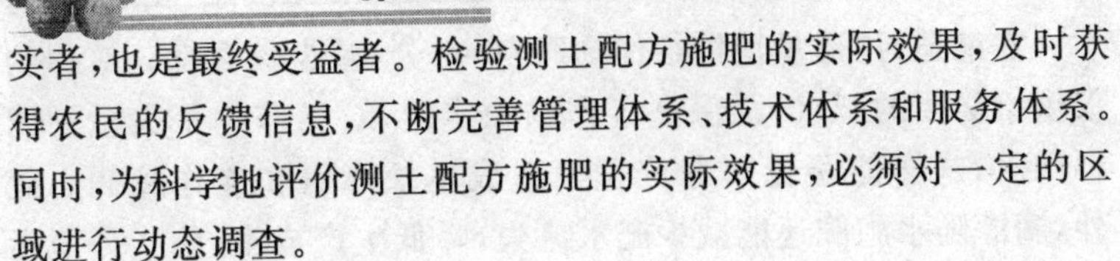

实者，也是最终受益者。检验测土配方施肥的实际效果，及时获得农民的反馈信息，不断完善管理体系、技术体系和服务体系。同时，为科学地评价测土配方施肥的实际效果，必须对一定的区域进行动态调查。

（四）随水施肥

随水施肥就是将肥料溶入灌溉水并随同灌溉（滴灌、渗灌等）水施入田间或作物根区的过程。滴灌随水施肥，是根据作物生长各阶段对养分的需求和土壤养分的供给状况，准确地将肥料补充和均匀施在作物根系附近，并使根系直接吸收利用的一种施肥方法。

滴灌随水施肥技术是近年随着滴灌技术的应用刚发展起来的一种综合性栽培技术。枣滴灌随水施肥技术，是利用滴灌设施最低限度地供给枣需要的养分、水分，使其限定在枣根域20～60厘米，并能随意控制水分、肥料，满足枣生长需要。在枣的不同生育阶段，将所需的不同养分配比的肥料和水，分多次小量供给，肥、水均匀地浸润地面并下渗40厘米左右，使枣根系发达。也可根据枣需要，使肥、水浸润更深、更广。滴灌的肥、水利用重力和毛细管现象，向枣的下方及外侧浸润，在枣根系周围形成圆锥形湿润带，持续供给枣生长所需的水和养分。

1. 随水施肥的优点 传统的施肥体系方式多凭感觉和经验确定施肥种类和施肥量，难以做到适时、适量，一般情况下容易造成超量施肥，产生的盐积累难以根治，或肥水不足而难以保证作物正常生长的需要。采用滴灌随水施肥技术，除使用有机肥外不需要使用其他化肥作基肥，完全通过随水施肥方式为作物施肥，维持理想的土壤水分、通透性，克服了传统灌溉方法造成的农田过湿、缺氧、烂根或干燥、盐积累等缺点。

滴灌随水施肥是将通过营养诊断和测土施肥技术所确定的肥料溶于灌溉水中，通过滴灌带将其送到作物根系区的施肥技

术。它能适时、适量地供给作物肥料、水分，减少盲目性。对作物仅供给必要的肥水，既保证了作物稳定生长，又节约了大量的肥料和水，这样能避免因养分积累造成生长障碍和连作障碍。此外，滴灌随水施肥还能减少肥水流失，降低生产成本，防止环境污染，形成可持续的环保生产体系。

滴灌随水施肥可保证土壤中肥、水适度的纵向和横向扩展，使土壤中肥水含量均衡，维持理想根围环境，使须根发达，减少根系压力，容易控制作物生长，增加产量，并节省了追肥所需机械、人力，提高肥料利用率和肥效，实现节本增效的目的。

2. 随水施肥枣园土壤养分分布　实际测定结果表明，随水滴灌的氮素，NO_3^- 主要分布在 10～20 厘米土层，分布半径 30 厘米；NH_4^+ 主要分布在 0～10 厘米土层，分布半径为 15 厘米。最大分布深度 60 厘米。随水滴灌的磷肥，则主要集中在 0～10 厘米土层，分布半径也仅 10 厘米。

3. 滴灌专用肥的特点　新疆土壤多呈碱性，因此随水施肥所用的肥料主要是滴灌专用肥。其特点介绍如下。

第一，滴灌专用肥为酸性肥料，其 pH 值小于 6 可减少水及土壤中碱性物质对肥效的影响。

第二，滴灌专用肥可与各种中、酸性农药和植物生长调节剂混用。

第三，滴灌专用肥水溶性好(≥99.5%)，各营养元素间无拮抗现象，含杂质及有害离子(如钙、镁等)少，不宜造成滴头堵塞而使农田肥水不均及肥效降低。

第四，滴灌专用肥养分分配比例根据作物营养诊断和测土结果进行灵活调整，并可根据需要添加中、微量元素，为作物供给全价营养。

4. 滴灌枣园的随水施肥方案　根据土壤的养分状况和枣各生育期需肥规律，确定施肥量和各生育期施肥比例，定时定量满足枣生长发育需要。以中等肥力土壤，枣树每 667 米^2 产 1 000～

1 200 千克为例，推荐滴灌专用肥施肥方案，如表 3-8 所示。

表 3-8 骏枣滴灌专用肥施肥方案

施肥时间	物候期	肥料名称	施肥量(千克/667 米^2)	备注
基肥：11 月上旬至翌年 3 月下旬	果实采收后或萌芽前	生物有机肥	400	条状沟施或环树体沟施
		配方肥	40	
4 月下旬	抽枝展叶期	滴灌专用肥	12	高氮＋中磷＋低钾＋微量元素，随灌溉施入
5 月中旬	花前	滴灌专用肥	10	中氮＋高磷＋中钾＋微量元素，随灌溉施入
5 月下旬	初花期	滴灌专用肥	8	低氮＋高磷＋中钾＋微量元素，随灌溉施入
6 月中旬	盛花期	滴灌专用肥	10	低氮＋中磷＋中钾＋微量元素，随灌溉施入
6 月下旬	末花期	滴灌专用肥	10	低氮＋低磷＋高钾＋微量元素，随灌溉施入
7 月上旬	幼果期	滴灌专用肥	8	中氮＋低磷＋高钾＋微量元素，随灌溉施入
7 月中旬	生理落果期	滴灌专用肥	10	中氮＋低磷＋高钾＋微量元素，随灌溉施入
8 月上旬	果实膨大期	滴灌专用肥	12	低氮＋低磷＋高钾＋微量元素，随灌溉施入
8 月中旬	果实自熟期	滴灌专用肥	10	低氮＋低磷＋高钾＋微量元素，随灌溉施入

备注：具体生产实践中灌水平均 10 次，抽枝展叶期、幼果期和果实膨大期 3 期灌溉灌水量需加大，各生长期施肥结构一致时可将滴灌专用肥用量合并一次随水施入。

(五)施肥常见问题

多年调查发现,当前枣农种植水平较低,尤其是在施肥方面,存在较多误区,容易出现施肥不当的现象,造成施肥后肥效差、见效慢,甚至浪费和坐果困难等问题。因此,在施肥过程中,应注意如下几个方面的误区。

1. 认为施肥时越靠近植株根部,肥料越易被吸收 这是存在较多的现象,这种施肥方法存在较大的危害。因为植物吸收营养成分的部分是在根毛区,植物茎及根(根毛区除外)吸收营养成分很少或不吸收,施肥时越靠近植株茎部(幼苗期除外),肥料离植株营养吸收部位越远,因此越不容易被吸收,如果施肥过多、浓度过大,则容易出现“烧苗”现象。因此,施肥时应根据植株的地上部生长情况及地下部根系生长情况确定施肥位置,确保施肥效果。

2. 出现缺肥现象后,再施肥 肥料施入后,一般需要2～4天后才能被吸收利用,因此出现缺肥现象后再施肥,会造成枣缺肥时间加长从而减产,所以应根据枣需肥特性进行提前施肥。同时,枣的养分吸收也与光、温、水、施肥方法(如干施、滴施、根外追肥等)有关。光照强、温度高、水分足则加快枣养分的吸收;相反,则吸收放缓。根外追肥因养分直接被叶片吸收,所以见效快,可迟施,但浓度要低,以防损伤叶片;滴施可使肥料直接渗入植株根部,见效较快,也可适当迟施;干施肥效慢,应早施。

3. 认为只要枣营养生长好,就能获得高产 枣的生长包括营养生长和生殖生长2个阶段。生长前期施足氮肥,能促进营养生长,但如果在生殖生长期偏施氮肥,则会造成枣旺长,影响生殖生长,阻碍营养物质的转化,反而使产量降低,品质下降。因此,应根据枣生长情况进行施肥,前期以氮肥为主,促进营养生长,中后期以氮、磷、钾配合施用,以促进生殖生长,提高产量。

4. 认为只要施足肥料,就能获得高产 各种枣全生育期以及

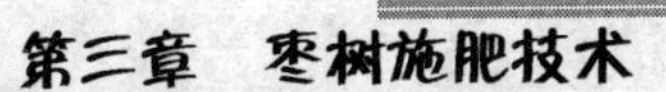

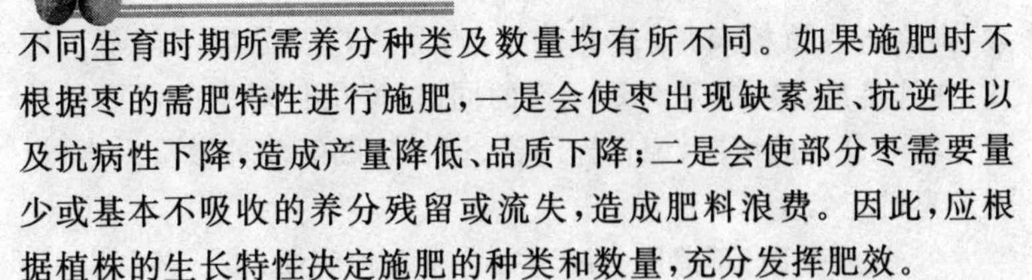

不同生育时期所需养分种类及数量均有所不同。如果施肥时不根据枣的需肥特性进行施肥，一是会使枣出现缺素症、抗逆性以及抗病性下降，造成产量降低、品质下降；二是会使部分枣需要量少或基本不吸收的养分残留或流失，造成肥料浪费。因此，应根据植株的生长特性决定施肥的种类和数量，充分发挥肥效。

5. 认为只要施入肥料，就会有肥效　施肥的肥效与土壤特性、枣养分吸收特点、肥料养分释放特性以及水、气、热等诸多条件有关，若没有充分考虑各种因素的影响，则极易造成养分流失、缺肥等现象的发生。沙质土肥效快，但流失也快，因此应根据少施、多次施的原则进行；黏壤土肥效慢，应施足基肥，早施追肥。钾肥易溶性好，但流失也快，因此应根据枣的需钾特性及时施肥；有机肥、磷肥肥效慢，流失也少，应早施；碳酸氢铵挥发性强，如与有机肥或磷肥堆沤混合施肥，可减少养分的散失。

6. 只注重施肥数量，不注重养分含量　现在市场上出现的一些复合肥，因单位价格较低，应用较为广泛。这些复合肥普遍存在有效成分含量低或三大元素中某种元素含量很低或根本不含的现象，但枣农对这些情况重视不够，仍延续高含量复合肥的施肥习惯，结果施入的氮、磷、钾不足，造成枣缺肥、缺素症的发生，影响产量和质量。因此，在使用这些复合肥时，应充分了解这些复合肥氮、磷、钾的含量，并根据各种枣需肥特性，配合使用氮、磷、钾等单元素肥，确保枣正常生长。

7. 认为施肥越多，效益越高　根据报酬递减原理，当施肥达到一定数量后，投入产出比下降，效益下降。如果施肥过多，则会造成减产。因此，应根据枣全生育期的需肥特性、土壤肥力、枣的种植密度等，以供给充足但不浪费的原则，找出最佳施肥方案进行施肥，充分发挥肥效，增加经济效益。

8. 只注重大量元素施入，不注重微量元素施入　大量元素是枣赖以生长的基本元素，但有些枣全生育期或某一生长时期对某种微量元素需要量较多或土壤缺乏微量元素，如果不增施微量元

素，则会造成植株畸形、落花落果、产品产量及品质下降等。因此，在施足氮、磷、钾等大量元素的同时，必须针对枣的需肥特性及土壤养分构成情况，配合施用铁、锰、锌、硼等多种微量元素，以保证枣的正常生长。

9. 只施基肥，不追肥 时下很多枣农怕麻烦，施了基肥以后，就不再追肥，这种施肥方法是不科学的。枣在早期对养分需求较少，施足基肥后确实能够保证长时间枣对养分的需求，但即使是一些后劲比较足的肥料，其肥效持续期也是有限的，特别对于保肥保水能力较差的土壤，不及时追肥更容易造成脱肥现象。所以枣应适当追肥，保证枣在生长旺盛期对养分的需求。

10. 认为配方一样，用量一样，效果就一样 肥料同样配方、同样用量由于产品本身的原因会有一个明显的养分利用率的区别，这就是为什么有些总养分40%的复合肥产品会比其他45%养分产品的效果还要好的原因。

11. 认为价格贵就等于成本高 由于复合肥产品属于生产资料类，非直接消费品，所以分析成本高低的依据不是价格而是投入产出比，如果在同等用量或同等投入的情况下，哪种产品带来的效益高、产量高，哪种产品的成本就是低的。

12. 用了复合肥以后，别的肥就不用了 有些枣农认为，施用复合肥后就不用再施用其他化肥了，这是错误的。一般复合肥普遍只是含有氮、磷、钾元素，少量品种含有锌、硼元素，如果不注意及时补充有效的中微量营养元素，同样会对枣产量产生影响。

13. 追肥偏施氮肥 很多枣农在追肥时偏施尿素等氮肥，虽然这对于枣的长势会产生明显的效果，但并不能带来产量的增加。因为对枣前期生长而言，氮素很重要，但随着枣的生长，对磷、钾的需求越来越高，对氮的需要反而减少，偏施氮肥只会使枣树旺长。所以，为了保证增产效果，应该注意追施复合肥。

14. 认为产量上不去是肥料不好 少数枣农认为产量上不去是肥料的原因，其实产量上不去有很多原因，如天气、土质、施肥

方法、肥料产品的配方选择、修剪、农药和田间管理等，要从各个方面来考察，肥料好坏只是其中的因素之一。

四、枣营养诊断

(一)枣叶片中矿质营养元素年周期变化规律

枣叶片中矿质营养元素含量有其固有的变化规律，了解其变化对针对性采取相应措施有一定的指导意义，也是枣营养诊断的基础。

1. 枣叶样采集与测定

(1)叶片的采集 在种植不同区域进行叶片采集，选择长势一致的枣树，分别在不同时期进行采集样品，每个时期选择 30 株树采集，每个时期每块地每个部位取样 200 个叶片作为 1 个混合样，装入塑料袋内，尽快带回实验室。

(2)叶样处理

①清洗叶样表面污染物 自来水 1 次→0.2%盐酸溶于蒸馏水清洗 1 次→蒸馏水 1 次，这些洗涤操作必须于叶片新鲜时迅速进行，如果叶片一旦枯萎或干燥，充分清洗就不可能，而且会把可溶性养分洗出来。

②样品的烘干 先在 105℃烘 20 分钟做杀酶处理，再于 60℃烘干，当叶片能够用手捏碎，表示干燥完全。

③样品粉碎分装 将样品编号，用不锈钢粉碎机粉碎，研细至过 20 目筛，装入牛皮纸袋中，编码放于干燥通风处。

(3)测定方法 叶片中全氮、全磷、全钾、钙、镁采用湿灰化法测定森林植物及森林枯枝落叶层氮、磷、钾、钙、镁的方法(LY/T 1271—1999)；叶片中的铁、锰、锌采用测定森林植物及森林枯枝落叶层铁、锰、锌的方法(LY/T 1270—1999)；叶片中的硼采用测

定森林植物及森林枯枝落叶层全硼的测定方法(LY/T 1273—1999)。

2. 叶样诊断的最佳时期 叶片中氮、磷、钾含量以新梢枣吊叶片中含量较高,新梢枣吊叶片中氮含量在6月下旬至8月中旬相对稳定,是氮诊断的最佳时期;新梢枣吊叶片中磷含量在7月上旬至9月中旬相对稳定,是磷诊断的最佳时期;新梢枣吊叶片中钾含量在8月上旬至10月上旬相对稳定,是钾诊断的最佳时期。

叶片中钙、镁、铁、硼含量以枣股枣吊叶片中含量较高,枣股枣吊叶片中钙含量在7月中旬至8月中旬相对稳定,是钙诊断的最佳时期;枣股枣吊叶片中镁含量在8月上旬至9月中旬相对稳定,是镁诊断的最佳时期;枣股枣吊叶片中铁含量在8月中旬至9月中旬相对稳定,是铁诊断的最佳时期;枣股枣吊叶片中硼含量在8月上旬至9月中旬相对稳定,是硼诊断的最佳时期。

叶片中锰、锌含量在新梢枣吊叶片和枣股枣吊叶片中含量相当,变化复杂。枣股枣吊叶片中锰含量在5月下旬至7月中旬相对稳定,是锰诊断的最佳时期;新梢枣吊叶片中锌含量在7月中旬至8月上旬相对稳定,是锌诊断的最佳时期。

氮的诊断的最佳部位和最佳时间是新梢枣吊叶片6月18日至8月23日之间;磷的诊断的最佳部位和最佳时间是新梢枣吊叶片7月10日至9月10日之间;钾的诊断的最佳部位和最佳时间是新梢枣吊叶片6月18日至7月10日之间和9月10日至10月3日之间2个时间段。为了便于诊断工作的进行,综上所述:骏枣大量元素叶分析营养诊断的最佳时期为7月上旬,诊断的最佳部位为新梢枣吊叶片。

(二)常用营养元素缺素症检索表

1. 症状发生于叶、茎或叶柄上 ………………………………… 2

   缺素影响开花或坐果 ………………………………… 13

存在多种生长情况,一些植株表现正常,一些叶片边缘枯死,一些生长很慢,这种情况应测土壤 pH 值… 酸碱危害

2. 症状先发生于新叶上 …………………………………… 3

老叶先受害或整株受害 ……………………………… 9

3. 新生叶黄化 ……………………………………………… 4

黄化不是主要特征,生长点死亡或贮藏器官受影响 … 8

4. 叶片都亮绿,接着生长点变黄、变弱、细长。最常发生于酸性、易淋溶、有机质含量低的沙土 …………………… 缺硫

不出现一致的黄化现象 ……………………………… 5

5. 叶片萎蔫、缺绿,然后坏死 ……………………… 缺铜

萎蔫和坏死不是主要症状 ………………………… 6

6. 明显的黄白出现在叶脉间,甚至叶脉也缺绿,症状极少发生于老叶,一般不坏死,但通常发生在钙质土壤 … 缺铁

黄化或白化不如此明显,且叶脉保持绿色 ………… 7

7. 缺绿在叶脉处不明显,不规则的斑点发生在叶脉间,缺绿处甚至变褐、透明或干死,症状后来出现于老叶上。常发生于 pH 值>6 的土壤中 …………………………… 缺镁

叶片异常小或枯死,节间变短 …………………… 缺锌

8. 组织易碎,新生扩展叶片会枯死或扭曲,甚至生长点死亡。节间会变短,特别是枝条顶端。最易发生在高度淋溶的酸性土壤或含游离石灰的有机质土壤上 ………… 缺硼

组织易碎不是主要症状。生长点通常损伤或死亡,由生长点刚发育的叶边缘首先变褐或干枯,老叶保持绿色。通常发生在酸性、高度淋溶的沙土上 ………………… 缺钙

9. 植株表现缺绿 …………………………………………… 10

缺绿不是主要症状 …………………………………… 12

10. 叶脉间或叶缘缺绿 ……………………………… 11

一般缺绿,从轻绿到黄,整株变黄,生长很快受限,老叶脱落。最常发生在高度淋溶土壤或低温下的高度有机质土

壤 …………………………………………………… 缺氮

11. 边缘缺绿或缺绿斑融合。在某些种中叶片表现变黄缺绿的脉间组织，在另一些种中呈现红紫到枯死，较幼叶片在连续的逆境中会受影响，缺绿组织会枯死、易碎、向上弯曲。症状通常发生在生长季的后期。多发生在酸性、高度淋溶的沙土或含高钾或钙的土壤中 ………… 缺镁

脉间缺绿，早期症状类似于缺氮。叶边缘变干枯或卷曲，随着缺绿继续，症状会出现于较嫩叶上。通常发生在酸性土或高度淋溶的碱性土中 …………………… 缺钼

12. 叶边缘变褐、干烧或有枯斑(开始小后合大)。边缘变褐且向下呈杯状，生长受限且可发生干梢，轻微症状始出现于刚成熟的叶片，然后到老叶，最后到新叶，由于钾转移至正在发育的贮藏器官，症状更易发生于生长季后期。常发生在高度淋溶的酸性土或有机土中(因钾被固定)
…………………………………………………… 缺钾

叶片呈现暗墨绿色、蓝绿色或红紫色，特别是下部叶和中脉部，叶柄也可表现变紫，可以注意到生长受限 ………
…………………………………………………… 缺磷

先端小叶因轻微水逆境而萎蔫，萎蔫部位后变古铜色，最后枯死 …………………………………………… 缺氯

13. 果实表现粗糙、裂或斑点，开花大大减少，易发生在酸性土、含游离钙的有机土及高度淋溶的土壤……… 缺硼

裂或粗糙不是主要症状，果实在花末端呈现水渍斑，后内陷，黑或硬，一般发生在酸性高度淋溶的土壤 … 缺钙

第四章 枣树灌溉技术

一、灌溉原理

田间作物所需水分大都是通过根系从土壤中获得的。灌溉过程是把水灌入土壤，然后再由作物吸取。但土壤有持水能力，不会把所有的水分都供给作物，也不可能把作物全生育期所需要的水分一次性存于土壤。前者将导致作物与土壤争水，后者将导致深层渗漏的产生。精准灌溉的目的：一方面是根据作物耗水规律对土壤进行实时调控，将水分含量控制在有效范围内，以便于作物吸收；另一方面可避免水资源的浪费。这就要求根据作物需水规律和土壤特性制定灌水制度，利用可靠的水分监测手段实时预报及评价作物和土壤的水分状况，准确修订和实施灌水措施。因此，作物需水规律和土壤水分运动规律及干旱诊断技术是精准灌溉的理论基础。下面将分别介绍土壤水分特性、作物耗水原理及作物田间需水量。

（一）土壤水分特性

1. 汽态水 汽态水是指存在于土壤孔隙中的水汽，它的存在有利于微生物的活动和植物根系的生长。由于汽态水数量很少，

在计算时常将其忽略不计。

2. 吸着水 吸着水包括吸湿水和薄膜水2种形式。吸湿水被紧束于土粒表面，不能自由移动，很难被作物利用。

3. 毛管水 毛管水是指田间作物生长所能利用的主要水分，分为上升毛管水和悬着毛管水。上升毛管水系指地下水由土层下部沿土壤毛细管上升的水分。在地下水位较高的地区，这部分水分可被作物利用。悬着毛管水主要指不受地下水补给时，上层土壤由于毛细管作用所能保持的地面入渗水分（来自降雨或灌水）。

通常悬着毛管水越靠近地面其含水率越大。当土层含水率达到毛细管最大持水能力时，最大悬着毛管水的平均含水率，称为该土层的田间持水率。这是田间灌水的最大限度，超过这一含水率，将出现深层渗漏现象。一般认为田间灌水后2天所测土壤含水率为田间持水率。

4. 重力水 重力水是指土壤含水率超过田间持水率时，过多的水分受重力作用向下移动而形成的一种能自由移动的水，即地下水。它不能为土壤所保存，很少能被作物利用。即使重力水能长期保存在土壤中，也会使土壤通气不良，这对作物生长不利。

如果土壤含水率较低，作物就会因吸水困难而发生萎蔫现象。作物发生永久性凋萎时的土壤含水率称为土壤的凋萎系数。

对作物生长发育有效的土壤含水率范围是从凋萎系数到田间持水率的范围。当作物耗水使土壤含水率接近凋萎系数时，作物将受旱，应立即灌水。当灌水接近田间持水率时应停止灌水，以免产生深层渗漏。不同土壤具有不同的凋萎系数和田间持水率。土壤对水分的吸力（持水力）随含水率的增加而降低，因此随着含水率由凋萎系数增加到田间持水率，作物从土壤中吸水也越来越容易。

目前，“多肥”增产措施应用较多，肥料数量大为增加，如果不相应地提高土壤最小含水率，就会由于养分浓度过高而影响根系

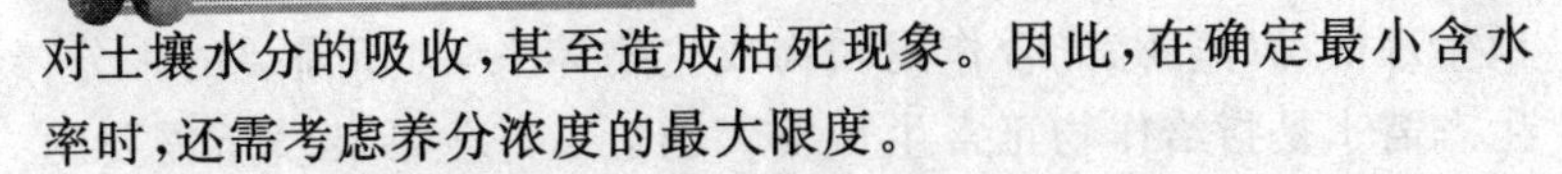

对土壤水分的吸收，甚至造成枯死现象。因此，在确定最小含水率时，还需考虑养分浓度的最大限度。

（二）作物耗水原理

作物耗水规律是指作物为了满足正常生理需要，水分在生育期中消耗的相关规律。作物需水量包括叶片水分蒸腾量和棵间地面蒸发量。两者很难被区分，因此统称为作物田间需水量。

通过根系从土壤中被作物吸收的水分都从叶片的气孔蒸腾到大气中，推动作物耗水的主要动力是蒸腾作用。在蒸腾作用下，水分通过叶片气孔汽化并散失到空气中。失水的叶片气孔腔细胞便从周围细胞或叶脉导管吸水，促使根系从土壤中吸水。作物的根系主要是通过根毛来吸水。作物侧根越发达，根毛越多则吸水越多，它与土壤的争水能力也就越强，这种作物的有效土壤含水率范围就越大。此外，叶片面积越大，气孔越多，耗水也就越大。除了蒸腾作用外，作物还利用根压从土壤中吸水。例如，在夜间蒸腾作用较小时，叶片的“吐水现象”就是根压吸水作用的证明。但这种方式的吸水量很少，作用时间短，因此不是主导因素。

当土壤水分降低时，土壤对水的吸力增加，作物从土壤中吸水就会变得困难，并且在蒸腾作用下作物又不断失水，这将导致作物体内水分不平衡而出现凋萎，这种现象称为“土壤干旱”。此时，应灌水以降低土壤吸水力。另外，当空气太干燥时，叶片水分蒸腾剧烈，尽管土壤较湿润，但根系吸水来不及补充叶片水分散失，因此决定作物耗水的主要因素是蒸腾作用，其次是土壤含水量。另外，对作物本身而言，其叶面积指数和根系分布都对其耗水有决定性作用。

（三）作物田间需水量

作物需水量就是作物生长发育过程中所需的水量，一般包括生理需水和生态需水 2 部分。生理需水是指作物生命过程中各

项生理活动(蒸腾、光合作用和构成生物体系等)所需要的水分。生态需水是指给作物正常生长发育创造良好生活环境所需要的水分,如调节土壤温度、影响肥料分解、改善田间小气候等所需要的水分。由于上述各项需水量的测定和计算较为困难,在生产实践中用作物的蒸腾量和株间蒸发量之和来表示作物需水量,即腾发量。作物生长过程中可以从天然降雨和地下水获得一部分水分,差额部分就是需要灌溉的净水量。

目前,作物田间需水量是精准灌溉的重要依据,一般应由灌溉试验确定,也可由公式法估算。估算田间需水量的方法,大致可归纳为 2 类:一类是从作物田间需水量及其影响因素(如气象因素)的变化中建立某种经验关系;另一类方法是根据能量平衡原理,推求作物田间蒸腾消耗的能量,由此再换算为相应的作物实际田间需水量。

1. 经验公式法 经验公式法是先从影响田间需水量的诸因素中选择几个主要因素(如气温、湿度、辐射等),根据观察资料分析出这些因素与田间需水量之间存在的数量关系,最后归纳成某种形式的经验公式。

(1)以产量为参数的需水系数法(简称"K 值法") 作物产量是太阳能的积累与水、肥、热、气诸因素的协调及农业技术措施的综合结果。虽然影响田间需水量的因素很多,但主要的是产量。因此,把作物在一定的自然条件和农业技术措施下所获得的产量与其相适应的田间需水量联系起来,以需水系数 K 表示其间的关系,即得到:

$$ET=KY+C$$

式中:ET 为作物田间需水量,米^3/667 米^2;

K 为需水系数,即在一定的自然条件下,单位产量消耗的水量,米^3/千克;

Y 为作物产量,千克/667 米^2;

C 为经验常数。

(2)以多种因素为参数的经验公式　选取几个影响因素，探求它们与作物田间需水量之间的数量关系。

$ET=aE_0+b$

式中：ET为作物田间需水量，毫米；

E_0为80厘米蒸发皿的水面蒸发量，毫米；

a，b为经验常数，由试验资料确定。

2. 能量平衡法　即从能量观点、热力学观点出发，将作物耗水过程看作是能量消耗过程，利用水汽扩散理论、空气动力学方程式，通过能量平衡计算，得出蒸腾消耗的能量，然后再将能量折算为水量。

作物耗水过程包括以下3种途径。

(1)叶面蒸腾　植株体内水分通过叶面气孔散发到大气中。

(2)棵间蒸发　植株间土壤或水面(水稻田)的水分蒸发。

(3)深层渗漏　土壤水分超过了田间持水率而向根系以下土层产生渗漏的现象。

作物生育期对水分的需要量大体上是生育前期和生育后期较少，中期因生长发育旺盛需水较多。作物生长对水分最敏感的时期称为需水临界期。枣的需水临界期是开花结铃期，在此期内，植株体内代谢旺盛，细胞液浓度低，吸水能力小，抗旱能力弱，如果缺水，就会造成花芽分化少，花蕾脱落，最后导致产量降低。

二、需水要求和规律

(一)枣对水质的要求

枣对水质的要求主要是从水温、水的总矿化度及溶解盐类的成分对枣和土壤的影响来考虑的。有时还要考虑水的pH值和水中有毒元素的含量对枣和土壤的影响。

1. 含沙量　从多沙河流引水的灌溉工程，必须分析灌溉水中

泥沙的含量和组成，以便在灌溉工程设计和管理时，采取适当的措施，防止有害泥沙入渠、入田，防止渠道淤积。不同粒径泥沙危害程度不同：

(1)粒径<0.005毫米的泥沙 具有一定的肥力，可适量输入田间，但也不能引入过多，引入过多，则会降低土壤的透水性和通气性。

(2)粒径为0.005～0.1毫米的泥沙 在土壤质地黏重的地区，可少量引入田间，以改善土壤结构，增加透水性和通气性。

(3)粒径大于0.1～0.15毫米的泥沙 容易在渠中淤积，对于农田土壤也不利，因此应禁止泥沙入渠。渠中水的泥沙含沙量也不应超出渠道的输沙能力，否则会产生淤积。

2. 含盐量 灌溉水中允许含有一定的盐分，但如果含盐过多，就会增加土壤溶液的浓度，使作物根系吸水困难，影响其正常生长，严重的会造成作物死亡，甚至还会引起土壤次生盐碱化。对大多数作物来说，通常要求灌溉水的含盐量不超过1.5克/升。

枣灌溉用水的矿化度不能太高，一般以不超过5克/升为宜。矿化度大于5克/升，生长受显著抑制。此外，用矿化水灌溉的效果，还与耕作层土壤性质有关。透水性弱、排水困难的土壤比透水性强的效果差。

水中所含盐类成分不同，对作物有不同的影响。对作物生长最有害的是钠盐，尤以碳酸钠的危害最大，它能腐蚀作物的根部，使其死亡，还能破坏土壤的团粒结构。其次为氯化钠，它能使土壤盐化，变成盐土，使作物不能正常生长，甚至枯萎死亡。对于易透水的土壤来说，钠盐的允许含量一般为：碳酸钠，1克/升；氯化钠，2克/升；硫酸钠，5克/升。当这些盐类在土壤中同时存在时，其允许含量应更低。水中有些盐类对作物生长并无害处，如碳酸钙、碳酸镁。还有一些盐类不但无害，而且还有益，如硝酸盐和磷酸盐具有肥效并有利于作物生长。

水中含盐分的多少和盐类成分对枣的影响受许多因素的控

制，如气候条件、土壤性质、水位深浅、枣品种的生育期，以及灌溉方法和制度等。实践证明，在水源短缺的地区，若土壤透水性较好，排水条件较好，灌溉水的含盐量也可以大一些，只要土壤中暂时积累的盐分很快又被冲洗掉，耕作层仍能保持盐量的平衡即可。

3. 水温　枣对灌溉水的温度要求一般在10℃～30℃为宜，最高不能超过35℃。水温过低会抑制枣的生长，水温过高会降低水中溶解氧的含量，并提高水中有毒物质的毒性。我国北方地下水的温度一般都偏低，可将水取出后引入地表水池晾晒或用加长渠道等措施来提高水温。从水库引水灌溉应从温度较高的表层取水。

4. 其他有毒有害物质　城市污水中含有较多种类的有毒有害物质，灌溉前应做水质分析，做适当的水质处理，使之满足灌溉水水质要求。

（二）枣的需水规律

枣在生长发育过程中需要消耗大量水分。枣的需水量也称田间耗水量，是指枣从播种到收获的全生育期内本身所利用的水分及通过叶面蒸腾和地面蒸发所消耗水量的总和。枣生长期间，最适宜的田间持水量为65%～70%。田间持水量在80%以上时，根的生长和吸收作用将会受到限制。

1. 枣水分生理指标　枣生长所需要的水分大都是通过根系从土壤中获得的。灌溉过程首先是把水灌入土壤，再由枣吸取。

枣水分生理指标是合理灌溉的良好根据，它能较早地反映植株内部的水分状况。常用的生理指标有：

(1)叶片的水势　当植株缺水时，叶片水势下降。不同部位以及同一部位在不同时间的叶片的水势是有差别的。一般以上午9时左右测定一定部位的叶片水势为宜。

(2)细胞汁液浓度　在植株缺水时，其细胞汁液浓度较高，超

过一定限度后，就会阻碍植物的生长。

(3)气孔开闭状况　白天水分充足时气孔开放，随着水分供应的减少，气孔开度逐渐变小。当严重缺水时，气孔完全关闭。因此，可根据气孔的开闭程度来判断是否要进行灌溉。

生理指标的测定可利用一定的仪器设备来测定，这样得到的数据比较客观可靠。

因此，合理灌溉就是要在枣树生长的整个时期，根据其需要，及时、经济地补充水分，以使枣树高产。合理灌溉能改善作物的生理状况，如生长加快，光合作用的叶面积增加，光合速率升高以及保证水分和营养物质的运输和改善光合产物的分配利用等。

2. 枣对土壤水分的要求　不同生育时期的枣对土壤适宜含水量的要求不同。萌芽期，土壤水分以田间持水量的70%左右为宜，若过少则易影响萌芽展叶速度，过多则易造成土壤温度低降低生长速度。花期土壤水分以田间持水量的60%～70%为宜，过少抑制发育、延迟开花，过多则会引起枣植株徒长。开花坐果期是枣需水最多的时期，土壤水分以田间持水量的70%～80%为宜，过少会引起落果，过多则加剧营养生长与生殖生长的竞争。后期土壤水分以田间持水量的55%～60%为宜，以利于果实发育，增加单果重，促进干物质积累和防止树体过早衰退。

3. 枣的需水特点　枣是比较耐旱的作物。但生态条件和生产条件不同，其需水规律有所不同。

枣不同生育时期需水量也不同，总趋势是与枣生长发育的速度相一致。前期生长慢，温度低，耗水量较少；随植株生长速度加大而耗水量也不断增加，到花期、坐果高峰期生长旺盛，温度高，耗水量最多；后期，果实近熟后生长衰退，温度下降，耗水量又减少。

枣园的水分消耗，在前期有80%～90%是从地面蒸发的，而枣植株蒸腾耗水仅占10%～20%；花期地面蒸发和枣株蒸腾耗水各占50%左右；坐果期地面蒸发和枣株蒸腾耗水分别占25%～30%和70%～75%；近熟后地面蒸发和枣植株蒸腾耗水又基本趋于相等。

枣在生长发育过程中需要消耗大量水分。枣生长期间，最适宜的田间持水量为65%～70%。花果期需水最多，占全年需水量的45%～60%，故遇旱须及时灌水。田间持水量在80%以上时，根的生长和吸收作用受到限制。因此，地下水位过高和多雨地区须开沟排水。为保持枣田土壤疏松，一般需中耕除草，但在土壤结构良好、富含有机质的枣田，可少中耕或免中耕，必要时配合化学除草以消灭枣田杂草。另外，摘心可调节枣植株体内营养物质分配，减少营养消耗，并促进早熟。如水肥和密度掌握适当，植株生长正常，仅摘心即可收到较好效果。

（三）灌溉方式和时期的选择

1. 灌溉方式的选择 节水灌溉是农业灌溉的发展方向。但由于节水灌溉的方式较多，在选择合理的灌溉方式时必须综合考虑诸多因素的影响。灌溉方式的选择需要收集灌区自然条件、生产条件和社会经济等方面的基本资料。

(1)自然条件资料

①地形资料 灌区地形、地貌、地面坡度及相应的高程资料。

②土壤资料 土壤质地、容重、田间持水量、凋萎系数等是确定作物灌溉制度的基本数据。

③作物资料 枣的品种、类型、种植面积、生育期、需水量、根系分布以及当地灌溉试验资料等，是确定灌溉制度和灌溉用水量的主要依据。

④水源资料 水源是确定各类灌溉方式的前提，对包括河流、水库、渠系、地下水等水源应了解其逐年水量、水位变化、水质情况，以确定灌溉供水情况。

⑤气候资料 包括气温、雨量、湿度、日照、风向、风速、蒸发等资料，以便确定灌溉方式。

(2)生产条件资料 包括水利工程情况、作物生产情况、生产

发展情况、动力及机械情况、材料和设备情况等，以便确定灌溉方式条件是否具备。

(3)社会经济资料 包括灌区经济发展、人员素质、经营管理、长远规划等情况。

根据当地的经济条件、水利资源和地形、地势，综合考虑经济、技术和社会等因素，使选择的灌溉方式更为经济、可靠、合理。

2. 灌溉时期的选择 枣是否需要灌溉，可依据土壤指标、枣形态指标、生理指标加以判断。

(1)土壤指标 一般来说，适宜枣正常生长发育的根系活动层(0～90厘米)，其土壤含水量为田间持水量的60%～80%，低于此含水量时，应及时进行灌溉。土壤含水量对灌溉有一定的参考价值，但是由于灌溉的对象是枣，而不是土壤，所以最好应以枣本身的情况作为灌溉的直接依据。

(2)形态指标 还可根据枣植株萎蔫发生的早迟、恢复的速度、生长状况以及色泽进行判断。枣缺水的形态表现在如下几个方面。

叶片的颜色、大小和长相。以下现象表明枣株缺水，应及时灌溉：叶色深绿灰暗，无光泽，手摸触感脆干；叶柄、叶片主脉易折断，枣植株上部新生枣头上部嫩叶中午出现轻度萎蔫，下午5～6时后逐渐恢复。

枣头的颜色和生长速度。枣头生长速度下降，节间短，叶片小，表示缺水；若枣头粗壮节间长而叶片肥大，则是肥水充足的表现。

枣株开花节位。枣吊上花的着生节位数，初花期为3～4节，盛花期为5～10节时，表明不缺水；开花节位明显推后，基部老叶发黄，枣吊向外伸展差，表明缺水。

从缺水到引起植株形态变化有一个滞后期，当形态上出现上述缺水症状时，生理上已经受到一定程度的伤害，应根据生产经验进行预判。

(3)生理指标 研究枣高产各生育期的叶水势变化，确定量

化指标进行合理灌溉，对枣生产具有指导意义。但目前尚无权威数据，有待研究。

(四)枣园的灌溉技术

1. 沟灌技术 常规沟灌技术适用于沟植枣树。垂直于地面等高线修引水毛渠，渠宽 2 米左右，渠埂高 15～20 厘米，要求地面坡降为 0.3%～0.8%，无倒坡。毛渠间距随地面平整度而定，一般为 15～20 米。灌水质量要求：不漫垄，不串沟，不漏灌，不跑水。

对于坡降大于 1%或土质黏重的枣田，应采用细流沟灌技术。其灌水沟的规格与沟灌相同，但沟较长(一般为 50～150 米)，且沟的走向与坡降方向一致，引水毛渠则与地面等高线平行。灌水时，要求单沟灌水小而慢。其他要求同沟灌。

2. 滴灌技术 滴灌是利用管道系统将灌溉水缓慢地、定量地均匀滴入作物根系最发达的区域，使枣树根系主要活动区的土壤始终保持在最优含水状态的节水灌溉技术。它包括膜下滴灌技术、膜下软管灌技术和深埋式灌溉技术等。

(1)膜下滴灌技术 多用于直播枣园第一年酸枣播种时灌溉。膜下滴灌条件下土壤水分移动规律的研究结果表明，在重壤土和壤土条件下，滴头流量小于 3 升/小时，地表湿润峰直径为 0.9～1.4 米，沙土湿润峰直径为 0.35 米。根据滴灌枣田的土壤水分分布特点，灌水器在枣园配置随播种模式而变化，常见一膜一管，有间作物的可根据需要布设。

(2)地面滴灌技术 多用于 2 年以上枣园，幼龄园多为一行一管，成龄园行距、树体较大的多为一行双管。根据水分移动规律，土体湿润范围要与枣树根系主要分布区吻合。

(3)深埋式灌溉技术 滴灌管选用质量好且使用年限长的。铺设间距随枣树行距进行布置，埋深 35～40 厘米。目前尚无大面积应用。

三、灌溉制度

(一)灌溉制度的确定

灌溉制度是指在一定的气候、土壤等自然条件下和一定的农业技术措施下,为使枣园获得高额而稳定的产量所制定的一整套田间灌水的制度。它包括冬春灌及生育期内的灌水次数、灌水日期、灌水定额和灌溉定额。灌水定额是指一次灌于单位灌溉面积上的水量。枣在整个生育期要进行多次灌水,全生育期各次灌水定额之和叫作灌溉定额。

枣灌溉制度必须以枣的需水规律、土壤持水特性和气象条件为主要依据(新疆南疆枣区降水因素影响小,基本依赖灌溉解决枣树需水问题。其余枣区应考虑降水影响)。目前,常采用下列方法确定灌溉制度。

1. 根据试验资料制定灌溉制度　灌溉试验的试验项目一般包括枣需水量、灌溉制度、灌水技术等。积累的试验资料,是制定灌溉制度的主要依据。但是在选用试验资料时,必须注意试验的条件不能一概照搬,要根据当地条件,直接通过灌溉试验制定灌溉制度。

2. 总结当地灌水经验　群众积累了多年枣灌水的经验,能够根据枣的生长发育特点,适时适量地进行灌水,这些经验是制定灌溉制度的重要依据。应根据当年气候、本地土壤条件等情况进行灌溉制度调查,调查不同生育期的田间耗水强度(毫米/天)及灌水次数、灌水时间、灌水周期、灌水定额和灌溉定额等指标,并进行分析研究总结。

在新疆枣区,一般情况下,沙壤土和地下水位低的枣田的灌溉水量和灌溉次数较多,黏土和地下水位较高的枣田的灌溉次数和灌溉量相对较少。

（二）漫灌枣园灌溉制度

在漫灌条件下，枣全生育期需水600～800米^3/667米^2，一般灌水6～8次，春灌于3月下旬至4月初进行，30～40天灌第二水，6月至8月下旬灌3～4次水，8月底至9月停水，入冬前灌最后一次水。

土壤水分状况是决定灌水与否的依据。现根据多年的科学实验和生产实践列出枣各生育期、各种土壤的水分参考指标（表4-1）。

表4-1 漫灌枣园的土壤水分参考指标

生育期		萌芽期	叶幕速生期	花期	果实速生期	后期
最宜田间持水量（%）		70～80	60～70	55～60	60～70	40～60
土壤含水量（%）	沙土	≥10	≥10	≥8	≥10	≥8
	壤土	≥12.0	≥11	≥10	≥12.0	≥10

（三）滴灌枣园灌溉制度

枣树在生长季对水分的要求是比较多的。从发芽到果实开始成熟，土壤水分以保持田间最大持水量的65%～70%为最好。枣树在生长期中，特别是在生长的前期（花期和硬核前果实迅速生长期）对土壤水分比较敏感。当土壤含水量小于田间最大持水量的55%或大于80%时，幼果生长受阻，落花落果加重。在果实硬核后的缓慢生长期中，当含水量降低到5%～7%（沙壤土）或田间持水量的30%～50%时，果肉细胞会失去膨压变软，生长停止，直到土壤水分得到补充后，果实细胞才恢复膨压，开始生长。此期缺少水分，容易使果实变小而减产并影响质量。特别是北方枣区，在枣树生长的前期，正处在干旱季节，更应重视灌水，以补充土壤水分的不足，促进根系及枝叶的生长，减少落花落果，促进果实发育。

滴灌枣树需水规律，总的特点是随生育进程的渐进需水量增加，坐果期达到高峰，后熟期逐渐下降。一般萌芽期耗水占总耗

水量的13.9%，新梢生长及叶幕建成期占20.8%，花期占25%，坐果期占29.2%，后熟期占11.1%，呈现阶段性差异。

新疆滴灌枣树萌芽阶段，正值气温低而不稳阶段，地上部植株生长相对较慢，叶面积小，植株蒸腾作用和土壤蒸发量不大。新梢生长期的外界气温稳定上升，植株营养体增长快，叶面积发展快，植株蒸腾作用和土壤蒸发量都随之加大，这一时期需水量有所增加。花后期至坐果期处在高温季节，营养生长与生殖生长旺盛，植株蒸腾强烈，田间耗水量最多。花期水分亏缺，会造成落花落果，尤其新疆大气干旱，不利于坐果，若根系分布层缺水，植株整体对水分缺乏更敏感，生殖生长会受到影响。所以，此期是枣树水分临界期，应及时灌水，并适当增加灌水量，缩短灌水间隔时间。到了枣后熟期，气温下降较快，植株叶面蒸腾减弱，耗水量降低。需土壤保持一定的水分，此期停水过早，会影响果实正常发育及落果；反之，停水过晚，易造成越冬风险。枣树生育期耗水量及花期耗水强度见表4-2。

表4-2　枣生育期耗水量耗水强度

垦区	展叶期（毫米）	新梢生长期（毫米）	花期（毫米）	坐果期（毫米）	后熟期（毫米）	全生育期耗水（毫米）	花期耗水强度（毫米/天）
和田	100	150	180	210	80	720	4～6

枣树全生育期灌溉总量依地区、土壤、树体不同有一定差异。壤土地多为8～10次，沙土地15～20次，砾石地20～30次。每次灌量为15～25米^3。

滴灌枣园一般萌芽期土壤水分上、下限宜控制在田间持水量的50%～70%，新梢生长期控制在60%～80%，花后期控制在65%～85%，坐果期控制在65%～85%，后熟期控制在50%～60%，可较好满足各生育期对水分的需求。根据需求，每次灌水

定额随生育阶段的不同而不同：滴灌成龄枣树全生育期共需水380～480 米^3/667 米^2，萌芽水 15～25 米^3/667 米^2，一般在 4 月上中旬进行，新梢生长后期及花前时期适当控水，降低枣树营养生长长势。盛花后枣树对水分的需要量加大，灌水量为 25～30 米^3/667 米^2，灌水周期 10～15 天，最长不超过 20 天。后熟期以后灌水量可适当减少，最后停水时间一般在 8 月下旬至 9 月初，遇秋季气温高的年份，停水时间适当延后。灌水间隔天数要严格把握。理论上，首先根据土壤持水能力计算灌水量，以防止深层渗漏，然后根据算出的灌水量和日耗水量算出灌水周期。

根据和田当地红枣生长发育规律及物候期特征，制定沙土地滴灌红枣的灌溉制度见表 4-3。

表 4-3 示范区灌溉实施方案

适用对象	灌水时期	灌水次数	灌水时间（日/月）	灌溉数量/次（米^3/667 米^2）
枣树盛果期	萌芽期	1	1/4～5/4	40
	展叶期	1	2/5～6/5	40
	初花期	1	22/5～24/5	25
	盛花期	2	5/6～7/6	25
			12/6～14/6	20
	末花期	2	20/6～23/6	35
			1/7～4/7	20
	果实生长期	3	9/7～12/7	30
			27/7～29/7	30
			11/8～14/8	20
	果实白熟期	1	25/8～28/8	35
	果实成熟期	1	6/9～10/9	30
	冬灌	1	15/11～18/11	40
合　计		13		390

四、缺水与过量灌溉的诊断

（一）缺水的诊断

1. 土壤指标 在生产中，人们往往根据土壤湿度来决定灌溉时期，即根据土壤含水量来确定是否要灌溉，这是一个比较简便的参考指标。一般作物生长较好的土壤含水量为田间最大持水量的60%～80%。如团粒结构良好的粉沙壤土的田间最大持水量为20%左右，适合植物生长的这种土壤的含水量应为12%～16%。土壤含水量指标的数值因不同作物、生长阶段和土壤条件等因素而异。

在考虑土壤水分的情况下，还应考虑灌溉的对象农作物的情况，这样才能根据作物本身的变化来确定灌溉的适宜时期。

2. 形态指标 人们在长期的生产实践中，总结出作物缺水时茎叶的形态发生变化的规律。

(1)幼嫩的茎叶易发生凋萎 是由于土壤水分供应不上，发生水分亏缺所造成的。

(2)茎叶颜色转为暗绿 可能是由于缺水，细胞生长缓慢，叶绿素浓度相对增加所致。

(3)茎叶颜色有时变红 是由于干旱，碳水化合物的分解大于合成，细胞中积累较多的可溶性糖，形成较多红色的花青素。

(4)植株生长速度下降 是由于缺水影响植株的各种代谢，从而使生长缓慢。

灌溉的形态指标易观察，不需要什么仪器设备。但是，当枣出现上述形态变化时，往往缺水情况就已经比较严重，此时才进行灌溉就迟了。因此，形态指标的观察应及时，在出现轻微的形态变化时就要采取措施。由于形态指标没有一定量的要求，所以要经过不断实践、总结经验，用比较敏感的形态变化来判断，尤其是当连片种植面积较大时，较弱植株、较差地块先表现出来形态变化，应在观察时注意发现。

(5)植株叶和茎呈现萎蔫 当枣处于干旱条件下，吸收的水分不能抵偿蒸腾所散失的水分时，水分出现亏缺，细胞不能维持其膨压，组织就会失去紧张状态，叶和茎的幼嫩部下垂，呈现萎蔫状态。一般可分为暂时萎蔫和永久萎蔫。暂时萎蔫的枣植株在傍晚前后蒸腾减弱，根部吸收补偿了亏缺部分的水分，枣植株可恢复挺立。永久萎蔫的枣植株各部分都缺水，根毛对缺水特别敏感，易死亡，如补水过迟，由于根部幼嫩组织细胞受到严重的结构和新陈代谢上的伤害，导致根部幼嫩组织细胞失活，即会整株死亡。若及时浇水，待新根毛再生，还可逐渐恢复吸水能力。

萎蔫影响原生质的胶体形状，引起胶体过早衰老，使新陈代谢发生向分解方向的变化，同化作用显著减弱，因而影响到枣生长发育的进程。

(6)花芽分化时及初花期缺水 枣植株叶色灰绿，叶片中午萎蔫，傍晚不恢复；新生枣头嫩叶卷曲成疙瘩；开花早、快，但数量、大小均不及正常植株。

(二)过量灌溉的诊断

土壤中水分过多，对耐旱的枣尤为不利，甚至会引起死亡，这是由于根系缺氧造成的。在枣田淹水时，根系因呼吸困难，各生理过程受到抑制，根毛大为减少，根的吸水作用也受到阻滞，而地上部的蒸腾仍然在进行。因此，处于生理缺水条件下，环境有水而枣株不能吸收(生理干旱)，最后导致其生理缺水而旱死。

第五章

枣树调控技术

一、调控的基本概念

（一）调控概念

调控是一个技术体系，即以生物调控技术为基础，以肥水调控和化学调控为主体技术，有机地结合其他调控技术，适时、适量调控枣的个体和群体，使其按照人们预期的方向和程度发展。对枣个体生长发育和群体发展进行的综合调控，贯穿于枣栽培管理的始终，这是枣栽培中的主体技术。

（二）调控对象

枣园群体是由若干个体组成的，但不是个体的简单相加。一方面，群体是以个体为基础，个体的生长发育决定着群体的数量和质量及群体内的生态环境；另一方面，枣园群体及其内部环境又反过来影响个体的生长发育。因此，枣田调控的对象既包括个体，也包括群体。

1. 对个体的调控　对个体的调控就是对枣株的生长发育的调控。枣株的生长发育包括营养器官的分化与生长和生殖器官

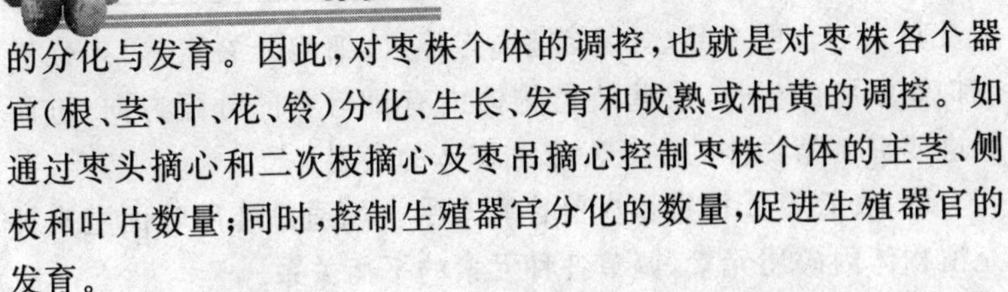
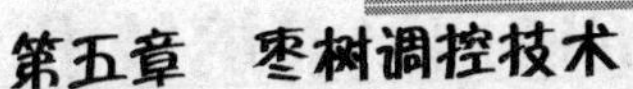

的分化与发育。因此，对枣株个体的调控，也就是对枣株各个器官（根、茎、叶、花、铃）分化、生长、发育和成熟或枯黄的调控。如通过枣头摘心和二次枝摘心及枣吊摘心控制枣株个体的主茎、侧枝和叶片数量；同时，控制生殖器官分化的数量，促进生殖器官的发育。

2. 对群体的调控 对群体的调控就是对群体数量、质量、时空分布及其动态的调控，使群体内生态环境得到相应的改善。如旺树推迟灌水，就是通过肥水来调节群体的叶面积系数，改善群体内的通风透光条件；通过摘心可调控果枝节数和叶片数等群体质量指标。

3. 枣田群体调控的器官、时期和部位

(1)调控的器官 调控的器官是叶片（即叶面积）、花、果，因为叶面积是群体组成及对群体生态影响最大的因素。因此，调控好叶片就调控好了群体。

(2)调控的时期 调控的时期是在叶片面积快速增长期前。叶片的快速增长期是决定该叶面积大小的主要时期。只要采用调控技术的效应期与该叶片快速增长期同步，就能有效地控制该叶片的面积。

(3)调控的部位 影响群体生态的叶片主要是群体上部和伸向行间的叶片。这个部位的叶片是受光最多，也是影响下部通风透光的关键部位。只要把这两个部位的叶面积调控好，就能有效地改善群体中、下部的温、光、气、湿等生态条件，提高群体的光合生产率。

（三）调控途径

调控的途径包括直接调控和间接调控。

1. 直接调控 直接调控是指调控效应直接影响植物体的内因，并通过内因影响作物群体的大小。它包括：

(1)调节植物体内激素的平衡关系 主要是通过施用植物激

素及其人工合成产品（如赤霉素、芸苔素、细胞分裂素等）来促进或抑制细胞的生长，或调节植物体内有机营养的分配方向，进而促进或抑制植物体的生长发育和群体的发展。

（2）直接调节植物体内的营养水平 如通过施用叶面肥来补充植物体内矿质元素，调节各种元素的平衡关系。

（3）调控枣株器官的分化和发育 如花铃期施用赤霉素或硼肥，促进花器官的发育，减少花蕾脱落；成熟期施用乙烯利促进枣果采收等。此外，整形修剪也是直接调控植株器官数量的常用技术。

2. 间接调控

（1）品种 主要是利用品种遗传基因所控制的生长发育特性（如萌芽早晚、节间长短等）、树形（疏散分层形、纺锤形、开心形等）、叶形叶姿（叶片大小、伸展角度、叶片形态等）等来调控群体。

（2）密度 土壤肥力和栽培管理水平是利用密度进行调控的依据。土壤肥力较高或肥水条件较好的枣田的植株生长快，群体发展也快。较低的密度有利于促进个体发育而减慢群体发展速度，从而推迟个体与群体矛盾激化的时期。相反，肥力低的枣田则可通过适当密植加快群体发展速度来弥补个体生长量小的不足。

（3）种植方式 枣株的自动调节能力是利用种植方式进行调控的依据。枣种植方式常用的有等行距和宽窄行 2 种。等行距种植方式的前期个体发育好，群体郁闭晚，但郁闭后，群体没有调节余地。这种方式用于土壤肥力较低的枣田，有利于促进个体生长，群体光能利用较好。宽窄行种植方式的窄行郁闭早，但宽行郁闭晚，可推迟枣园总的郁闭时间。

二、生长调控

(一)肥水调控

肥水调控是枣栽培中应用历史长、使用广泛、效果好的调控技术。它是通过施肥和灌水来对枣个体和群体进行调控的。具体做法是:旺长枣树少追或不追肥,或少施氮肥,多施磷、钾肥,推迟灌水或减少灌次。弱树增施肥料,提早灌水。

1. 施肥 矿质营养是枣生长发育必不可少的条件,肥料的品种、数量、施用方法和施用时期等都对枣株生长和群体发展有明显影响。施肥调控的时段长,调控幅度大(肥料数量变幅大),使用的物质多(有机肥与无机肥、大量元素与微量元素),方法灵活(基施、追施、土施、叶面施等),调控效果好。该方法强度较大(尤其是追施化肥后可明显看到叶色、叶面积及株高的变化)。

2. 灌水 在干旱农业区,灌水既是满足枣需水的主要手段,也是给枣根系溶解和输送养分的重要方式。它通过改变土壤的供水、供肥状况和群体内的小气候对枣田群体起调控作用。

(二)化学调控

化学调控是一种调控强度大、见效快的调控技术。主要是通过施用化学物质(主要是激素及其人工合成药品),直接影响枣体内的激素平衡关系,从而实现对枣株生长速度的调控。化学调控的主要特点是调控速度快、强度大、用量小、效果好,因而备受欢迎。

常用的剂型有对生长发育起促进作用的各种微肥、生长素类和起控制作用的三十烷醇、烯效唑、PBO 等。常用于各种枣园生长调控和用于旺长枣田控制枣株徒长,改善群体通风透光状况,促进生殖生长,减少养分消耗。

(三)物理调控

物理调控技术主要是通过覆膜、土壤耕作等方法,改变土壤温度和墒情,对枣苗起促或控的作用。

1. 耕作调控 枣生育期间的土壤耕作具有疏松土壤、提高地温、散墒或保墒等作用。因此,它可以通过调剂土壤的温度和湿度来调控枣的生长发育。前期进行翻耕可以提高地温并促进枣苗早发;中期深耕,通过断根、散墒可以抑制旺树生长;灌水后适时耕翻,可以通过切断毛细管,减少土壤水分蒸发,保证枣株稳健生长。

2. 覆膜 在地面覆盖一定宽度的塑膜,可以增加土壤温度和水分,给枣树发芽和前期生长创造有利条件;可抑制返盐和消灭杂草等,达到改善枣田生态环境,促进枣树早发、早熟的目的。

3. 修剪 人工修剪是通过人为地修去部分枝、叶、花、果,以改善群体的生态条件和调节枣株体内的养分分配,促进生殖器官的正常发育,其实质是控营养生长促生殖生长。这是人工调控枣株生长最简便易行的方法,也是我国长期植枣的宝贵经验。修剪可对枣株内部的营养物质起调节分配、减少消耗的作用,它能抑制营养生长,促进生殖生长,有利于多结果。在密度大、营养生长旺盛的枣团,还能缓解群体和个体间的矛盾,改善枣园小气候,提高光能利用率。

三、花果调控

(一)枣花芽分化及开花规律

1. 花 枣树属两性完全花类型,由雄蕊、雌蕊、花盘、花瓣、花萼、花托、花柄等 7 部分构成,是典型的虫媒花。每花序一般有单花 3～10 朵,多者达 20 朵以上。每个枣吊着生 40～70 朵,4～6

节开花最多，花期 35 天左右。

枣花发育从现蕾到蕾黄分为 4 个阶段：显蕾期、显序期、显扁期、显黄期。

枣花开放分为 6 个时期：蕾裂、初开、瓣立、瓣倒、花丝外展、柱萎。枣花寿命较短，从初开到瓣立，花粉发芽率较高，是授粉受精的最佳时间。单花的开花期在 1 天内完成，但授粉期可延长到 1～3 天。

2. 枣树开花、授粉和结实　枣树的花芽分化与一般落叶果树不同。枣树的花芽是当年分化，边生长边分化，分化速度快，分化期短，单花芽分化只需 6 天，一个花序分化完需要 6～20 天，一个枣吊花芽分化期需 30 天左右，单株花芽分化完成需 60 天左右，和葡萄副梢花芽分化相似。花芽形成后经过 40 天左右即进入开花结果期。枣树有花期长和多次结果现象，这是枣树设施栽培和一年两收丰产栽培的基础。

枣树比其他果树开花晚，开花所需温度较高，日平均温度较高，日平均温度达到 18℃以上才开始开花，日平均温度达到 23℃以上时进入盛花期。随温度升高，开花时间也提早。若温度过高，则开花期缩短；温度过低则影响开花进程，甚至坐果不良。7 月份日平均温度达到 33℃以上，绝对最高气温超过 36℃，当年枣头上的花蕾仍能正常开放和结果。枣树开花的早晚，与品种、生态环境、枝龄等有关，一般多年生枣股比当年生枣头开花早，旱地比水浇地开花早。开花顺序为枣吊上基部先开，逐步向上；同一花序中花先开。在北方枣区，一般 5 月下旬初花，6 月上中旬盛花，6 月下旬至 7 月上旬终花。

枣的授粉和花粉发芽均与自然条件有关，花期低温、干旱、多风、连雨天气都对授粉不利。枣的花粉发芽以气温 24℃～26℃为宜。空气相对湿度低于 50%则花粉发育不良，出现“焦花”现象。

3. 果实发育　枣花授粉受精后果实即开始发育，由于花期长，坐果期不一致，因而果实生长期长短也不同，但果实停止生长

的时间则差不多。根据枣果细胞分裂和果形变化,可将果实发育划分为3个时期。

(1)迅速增长期 此期是果实发育最活跃时期,细胞分裂迅速,分裂期的长短是决定果实大小的前提,一般分裂期为2～3周,大果品种长达4周。此期消耗养分较多,若肥水不足,则影响果实发育甚至造成落果。

(2)缓慢增长期 细胞和果实的各部分增长减弱,核已完成硬化。此期的果实重量和体积呈直线上升,持续时间的长短依品种而异,一般4周左右,持续期长的果实较大。

(3)熟前增长期 此期的增长很慢,主要特点是进行营养物的积累和转化,果实外形增长微小。果皮褪绿变淡,开始着色,糖分增加,风味增进,直至果实完全成熟。

(二)提高枣坐果率的技术措施

俗语说枣树是"百花一果",可见枣树的自然坐果率极低,枣树花期管理的主要任务是以提高坐果率为主的开甲、摘心、放蜂、喷施植物生长调节剂、喷水等技术措施。

1. 枣树坐果率低的原因 枣树花期长、花量大,但落花、落果严重。首先,枣树的开花方式与其他果树不一样,它的发芽分化是当年形成当年分化,而且是连续分化,分化量大,枝条生长、花芽分化、开花坐果及幼果发育同时进行,枣树的营养生长与生殖生长2个高峰期重叠,需要加倍的营养供应,但根吸收能力不强,而且缺乏花芽分化、幼果膨大所需的特殊营养元素。这些是造成枣树坐果率低的主要原因。

其次,不良的气候条件也是造成落花的原因。枣树花朵受精最适宜的温度是24℃～26℃,空气相对湿度75%～85%。花期如遇干旱、低温、高温、多风、连阴雨等不良天气,会导致花粉的寿命缩短萌芽力下降,造成授粉受精不良而引起落果。

再次,内源物质不足,枣花、果发育受内部生长物质的调控,

当内部生长物质不足时就会产生落花落果现象，内部生长类物质的产生受树体自身营养水平影响，也是调控的重要依据之一。

2. 提高枣树坐果率的技术措施

(1)枣园放蜂　枣花是虫媒花，在枣树的开花期实施枣园放蜂，除了可以收取大量的蜂蜜外，对提高枣树的坐果率也有很大的帮助。

(2)花期喷施植物生长调节剂和微肥　赤霉素(920)、萘乙酸等植物生长调节剂是植物发育过程中必不可少的调节物质(表5-1)，对枣树而言，花期喷施一定浓度的调节剂可以刺激花粉萌发，诱导花粉管伸长，提高坐果率。硼、锌、锰等微量元素也是生长发育必不可少的，它们促进营养生长向生殖生长转化，加快花朵的形成及发育。因此，花期喷施微量元素也可以提高枣树的坐果率。

表5-1　花期喷施植物生长调节剂的用量

种　类	喷施浓度(每升水中加入量)	喷施时期
赤霉素	10～20毫克	盛花期
吲哚丁酸	20～40毫克	初花期、盛花期
吲哚乙酸	20～30毫克	初花期、盛花期
硼酸钠(硼砂)	300毫克	盛花期
硫酸锌	200～300毫克	盛花期
稀土(NL-1)	300毫克	盛花期

根据空气湿度对坐果时期的影响，选择空气湿度在5月下旬至6月初、6月中旬2个高峰期时喷施植物生长调节剂。当开花量达到40%左右，枣花的蜜盘发油亮时喷施。在早晨或傍晚时分喷施。最好是选择晴朗无风的天气，当地时间的上午7时前或下午6时后。喷施在间隔8～12天可再用1次。喷施后，如果48小时内遇雨需要重新进行喷施。

(3)花期灌溉和喷水 枣树开花坐果期，正值天气干燥，为使花期的空气湿度增加可以进行花期灌溉和喷水。一般在晴朗无风的清晨或傍晚用喷雾器向叶面均匀喷洒清水，一般花期喷施3～4次，遇雨天停喷。有条件的也可以使用枣园喷灌系统，每公顷每次喷45～70米^3，一般时间在10小时左右，效果十分明显。

(4)摘心和环剥(开甲) 枣树摘心可以分为枣头摘心、二次枝摘心、枣吊摘心3种。

枣头摘心除去1年生枝条的顶端部分，摘心后可促进下部二次枝和枣吊的生长，加快花芽分化及花蕾形成。枣头摘心可以分为重摘心和轻摘心2种。

二次枝摘心即对枣树上生长的枣拐去顶，其主要作用是促进摘心部位以下木质化枣吊的形成，进而提高果实的产量和品质。一般在二次枝长到4～5节时进行。

枣吊摘心即除去枣吊顶端的一部分，作用是提高枣吊的木质强度，促进开花结果，提高优质果的比例。

环剥也即开甲，即在生长季节对枣树的主干或主枝进行环状剥皮的一种修剪方法。其目的是通过切断树体韧皮部组织，阻断剥口以上养分回流，为开花坐果提供充足养分。环剥是提高枣树坐果率的重要手段之一。环剥一般在枣树的盛花初期进行，环剥时间过早，树势削弱，开花推迟；环剥时间过晚，则使成熟期推迟，或起不到环剥的作用。

近年来，在枣树开花坐果的关键时期开甲已成为提高坐果率的一项重要技术措施，可缓解地上部分生长和开花坐果期间的养分竞争，提高坐果率。这项技术运用的得当，就会明显提高产量和品质，而运用不当则会造成树势严重衰弱，病虫害蔓延，甚至死树现象。

开甲时间：开甲时间的确定，要根据树势、开花量和气候条件而定。

树势：因病害、涝害、盐害、冻害、往年甲口愈合不好等因素引起树势衰弱，叶片严重黄化的不能开甲，否则会引起树体死亡现象；树势稍弱的要轻开甲，树势旺的要重开甲。

开花量：一般掌握在半花半蕾期开甲为宜，即当开花量达到30％～60％时进行，也就是说，有效花量达到10朵左右时开甲效果最好。所谓有效花是指花朵开放后，花盘大，蜜源多，花柱健壮，无病虫危害。只有这样的花，才能授粉坐果。

温度、湿度、光照等环境条件：枣树开花需要22℃以上的温度条件，授粉坐果必须达到25℃以上。当夜间温度达到22℃以上时，才能开花，温度越高，开花越多。白天授粉最适温度在26℃～28℃，如果不具备这样的温度条件，枣树坐果率就很低，甚至坐不住果。另外，空气相对湿度、光照条件也会影响开花坐果，空气相对湿度在75％～95％，且光照充足，授粉坐果最好。否则，空气干燥或阴雨连绵、光照不足，不利于授粉坐果。

开甲方法：开甲工具可用刮皮刀、镰刀或开甲刀。开甲前，先选择树干或主枝光滑部位，用刮皮刀将枝干老皮扒去，露出韧皮部，再用镰刀从上部向内横切一圈，深达木质部，在下面斜向上向内横切一圈，深达木质部，最后纵切一刀，将韧皮部分剔除。开甲宽度应根据树势和枝干粗度而定，一般为枝干直径的1/10～1/8。原则上，大树、旺树适当宽些，小树、弱树窄些。开甲后，甲口应在30天左右愈合为宜，具体时间要根据树势和天气情况而定。过早愈合，影响坐果；过晚不利于树体生长，引起落叶、落果，甚至造成死树。为防治甲后根系死亡，开甲时应留适量的辅养枝，确保甲口按时愈合。

甲口保护：开甲后，如不对甲口采取保护措施，容易受甲口虫（灰暗斑螟幼虫）等多种害虫危害而不能愈合，影响树势和坐果，甚至死树。因此，开甲后应注意及时对甲口进行保护，方法如下：

开甲后，甲口上下各缠一圈胶带，涂上黏虫胶，阻止害虫侵入甲口。

开甲3～5天后，甲口喷布2.5％氯氟氰菊酯乳油或48％毒死

蜱乳油200倍液，每5天喷1次，直到甲口愈合。

(5)加强土肥水管理 复壮树势，提高树体营养水平，关键是加强土壤管理，秋施农家肥，增加树体的贮藏营养。在枣果实成熟后落叶前每株施有机肥70～100千克，磷、钾肥1～1.5千克；在发芽、开花、果实膨大期各施1次三元复合肥或氮肥1～5千克。施后浇水，无灌溉条件的应雨后施肥。另外，枣树根系比较发达，喜深厚而疏松的土壤，因此枣园要进行深翻改土、加厚土层。

(三)枣树应用植物生长调节物质的基本要求和注意事项

枣树也和一般植物一样，在其生长发育过程受外界环境条件(如水分、阳光、土壤、温度等)的影响和内部遗传因素的控制，而调节控制植物内部遗传生理活动的物质，就是我们平常说的植物生长调节剂。植物生长调节剂使我们有可能通过其应用来改变植物生长、发育的固有模式，使之能按生产需要，调控植物的生长发育，提高枣的品质与产量。需要指出的是，枣树坐果需要各种条件，花期控制仅是其中的一项技术措施，但是好的花期调控措施对实现优质高产具有重要意义，在其他措施一致时，花果管理技术就直接决定产量与品质。

1. 根据不同的使用目的，选用恰当种类 不同的植物生长调节剂对植物起不同的调节作用(促进、抑制、延缓)，彼此既明显不同，有的又有某些共同之处；相互之间又存在着加合、拮抗、诱发等复杂的关系。要根据生产上需要解决的问题、调节剂的性质、功能及经济条件选择合适的调节剂种类。无公害果品生产中允许使用天然的植物生长调节剂，如赤霉素类、细胞分裂素类，也可使用能够延缓生长、促进成花、明显改善树冠结构、提高果实品质及产量的调节物质，禁止使用对环境造成污染或对人体有危害的植物生长调节剂。允许使用的有6-BA、玉米素、赤霉素类、乙烯

利等，要求每年最多使用 1 次，安全间隔期在 20 天以上。禁止使用 B_9、萘乙酸、2，4-D 等。

近年来，对于花期喷施植物生长调节剂减少落花、提高坐果率技术的运用也出现许多问题。如枣花期喷适宜浓度的赤霉素可明显提高坐果率。但喷施后明显降低单果重，单株结果数增加，致使果个变小，果皮增厚，果肉发艮，脆度降低，果实的可溶性固形物含量和总糖含量比不喷者显著降低，影响果实营养成分的积累和口感风味，果实成熟后色泽变暗。因此，生产中应慎用赤霉素。一定浓度的赤霉素可明显提高枣的坐果率，多次过量使用赤霉素会出现负面效应，导致枝条徒长，枣吊增长，坐果过多、过密，枣果畸形，果皮增厚及品质下降等问题。

新疆属于旱区，受空气湿度影响一般植物生长调节剂施用效果不稳定。过量多次施用造成枣营养生长与生殖生长关系的不协调，存在幼果脱落和品质下降问题。新疆农垦科学院研发出了干旱区促进枣坐果的方法和专用制剂，以避免枣吊生长对花果营养的竞争，同时以促进花果发育进程为目标，通过多种植物调节剂协同作用，使幼果内激素水平较为均衡，发育快，避免了单用 GA_3 等单一类激素，幼果内激素不均衡造成大量脱落。同时，增强花果期枣树抗逆能力，减轻干旱区枣树花期空气湿度过低对坐果的不利影响。这一复混制剂使用方便、效果稳定，与同类技术相比，可提前坐果时间，实现以果压树，控制长势。同时幼果发育速度快，不易落果，单果重及可溶性固形物均增多，品质好。

2. 使用时期和时间　同一种植物生长调节剂在不同时期使用，不仅效果大小不同，而且可能完全无效，甚至产生相反的效果。在植物生长发育某一环节起作用，使用时期一定要得当，过早或过晚都得不到理想的效果。GA_3 在枣坐果期应用，可提高坐果率，而过量多次使用一般会加速枣吊生长并使果实变小。一定要在适宜时期应用，同时注意使用的时间，一般在晴朗无风天的上午 10 时前和傍晚较好，降雨、大风、沙尘天气不要使用。

3. 选适宜的浓度和剂型 不同药剂的有效浓度范围有广有窄，药效持续时期有长有短。植物生长调节剂活性强，使用时要选合适的浓度，浓度过低起不到作用，过高又会起相反作用。例如生长素类对枣树发芽和生长，一般在低浓度下起促进作用，而在较高浓度下则起抑制作用。同时，还要选合适的剂型，一般喷洒使用水剂，土壤使用粉剂。

4. 使用的次数和剂量 要根据植物的反应决定使用的次数，一般1～2次，但若效果不佳就要多次，对反应极敏感的可少量多次。

5. 合理配制 不同的植物生长调节剂配制时所用的溶剂和配制方法不同，效果也不同。同一植物生长调节剂还有不同的剂型——酸、盐、酯和胺。剂型或溶剂不同，效果也不一样。配制时和配制后的温度、光和pH值，也影响药剂的稳定性和活性。这些都需依据有关说明资料加以注意。药液中加入表面活性剂可降低表面张力，在植物表面形成薄膜，易于附着和渗入，也具吸湿作用，利于药物吸收。非离子型表面活性剂利于药液透过角质层进入植物体。

2种以上药剂混用，要注意其生理学效应（加合、互补或拮抗等）和化学性质是否适于混用，对互相不起化学反应的可混合使用。

配制药剂的容器要洗净。不同的调节剂有不同的酸碱度等理化性质，配制药剂的容器一定要干净、清洁。盛过碱性药剂的容器，未经清洗再盛酸性药剂时会失效；盛抑制生长的调节剂后，又盛促进剂也不能发挥效果。

6. 枣树长势 一般长势好的浓度可稍高，长势一般的用常规浓度，长势弱的浓度要稍低，甚至不用。

7. 先小规模再推广 因枣树受不同生长区、不同品种、气候、土壤、生长调节剂质量、剂型等各种因素影响，要先做小规模的试验，以确定适宜的调节剂种类、浓度、剂型，达到科学合理使用。

8. 综合技术　注意各种农业技术相互配合。植物生长调节剂不是营养物质，仅在植物生长发育的某个环节起作用，不能代替肥料、农药和其他耕作措施，要使其在农业生产上应用获得理想效果，必须以合理的土、肥、水管理等综合栽培技术为基础。

9. 残毒污染　食品安全问题日益受到世界各国的重视，许多国家对某些植物生长调节剂有最大残留限量的规定。国家允许使用的植物生长调节剂无毒(低毒)、无残留(低残留)，对人体无害是肯定的。无公害、A级绿色食品允许使用低毒无害的植物生长调节剂，AA级绿色食品不允许使用植物生长调节剂。常用的植物生长调节剂毒性低，使用后经雨水冲淋和降解作用，在果实中的残留量极少，一般是安全的。

总之，在枣树上应用生长调节剂一定要"积极、稳妥、慎重、实效、无害"，各方面因素综合考虑才能达到目的。

第六章

枣树病虫害防治技术

随着新疆枣树的大面积发展和栽培方式的变化，枣树病虫害的发生也逐步增加，危害程度也日趋严重。病虫害防治的盲目性大、针对性不强、效果不突出现象较为普遍。急需加强此方面工作。

枣树病虫害防治应贯彻"预防为主、防重于治、综合防治"的原则，在做好农业防治、物理防治的基础上，提倡生物防治，辅以科学的化学防治技术，实现经济、安全、有效的防治目标，生产安全优质的枣果，保障枣产业的健康持续发展。

一、病害防治技术

（一）枣 锈 病

枣锈病，又称串叶病、雾烟病，在全国各枣树产区均有发生，为枣树重要的流行性病害。在夏季高温多雨年份常常大量流行。枣锈病主要侵害叶片，受害严重的树多于8～9月份叶片落光，果实不能正常成熟，往往提前脱落，产量大减，果实品质差，严重影响树体的生长发育。不仅影响当年枣的产量，而且影响枣生长和翌年的产量。

1. 发病症状　该病初发生时，叶片背面出现淡绿色小点，后逐渐变为黄褐色凸出状斑块，其形状不规则，多分布于主脉两侧、叶基和叶尖处，有时病斑连接成条状或片状。受害叶片正面开始时出现失绿斑点，后来斑点逐渐增大，变成黄褐色或黄棕色角斑，最后干枯、早落。

2. 发病规律　枣锈病主要以落叶上的夏孢子越冬，这是翌年最重要的初侵染源。枣股中也有夏孢子越冬，这也是翌年的初侵染源。在6～7月份雨水多、温度高时，夏孢子发芽，从气孔侵入，8～16天后出现症状，产生夏孢子。然后靠风雨传播，进行再侵染。7月下旬出现病症，并有少量落叶出现，到8月中下旬，叶片大量脱落。每年的发病时期早晚和发病程度大小，与当年大气的温度、湿度高低关系极大。降雨早、连阴天、空气湿度大时发病早，而且严重；反之则轻。树下间作高秆农作物、通风不良的枣园，发病早而重。发病先从树冠下部、中部开始，以后逐渐向冠顶扩展。

3. 防治方法

第一，在栽培上要注意搞好整形修剪，使树体保持通风透光。平时要及时清扫落叶，集中处理或深埋，以减少初侵染源。

第二，提前预防该病的发生。在6月底或7月初、7月中下旬或8月上中旬，各喷1次1∶2∶200波尔多液，或80%碱式硫酸铜可湿性粉剂800倍液，或50%代森锰锌可湿性粉剂500倍液进行喷施。也可用15%三唑醇可湿性粉剂1 500倍液，或90%万兴6～7毫升＋72%硫酸链霉素500万国际单位，或40%氟硅唑乳油(1包)＋68.75%噁酮·锰锌水分散粒剂10克＋渗透剂。每隔10天左右1次，连喷3～5次即可。如果天气干旱，可适当减少喷药次数或不喷；若雨水较多，则应增加喷药次数。

第三，枣锈病一旦发生后，用用77%氢氧化铜可湿性粉剂500～800倍液喷雾，连用2～3次，间隔时间为2周。

（二）枣疯病

1. 发病症状 枣疯病，又名丛枝病、扫帚病或火龙病。枣疯病多见于内地枣区。枣疯病病株大多数在3～5年内死亡。主要症状因发病部位不同而异，枝叶丛生及叶片黄化为该病的主要特征。

2. 发病规律 枣疯病的病原目前多数研究认同是类菌质体，可通过嫁接和根蘖繁殖传播。拟菱纹叶蝉和橙带拟菱纹叶蝉等昆虫，也可以传播。枣疯病一般是在一个枝或几个枝的枣股上先发病，有的是根蘖先发病或与枝条同时发病，而后扩展到全株；在一株树上，是上部枝一般先发病，也有全树同时发病的。当年生枣头和同生的根蘖苗，症状表现最明显。植株发病后，由于芽的不正常萌发，大量破坏分生组织，消耗养分，使树体衰弱，最后导致全株死亡。一般从发病到枯死小树1～3年，大树4～6年。

枣园生态条件对枣疯病的发生与流行起着重要作用。土壤瘠薄、管理粗放、树势衰弱的低山丘陵枣园，发病较重；杂草丛生，周围有松、柏和刺槐树及间作的枣园发病重，这与传病叶蝉数量有关；土壤酸性、石灰质含量低的枣园发病重；管理水平高的平原沙地枣园发病轻。靠自生根蘖苗培育成株的枣区病情发展快，而单株栽植的枣区病情发展慢。发病与坡向、海拔有关，阳坡比阴坡发病重，海拔500米以上的枣园发病轻。

3. 防治方法

第一，选择无枣疯病毒苗木，加强苗木检疫。嫁接时，采用无病的砧木和接穗。从外地引进苗木要严格进行检疫。在嫁接时，应注意搞好嫁接工具的消毒，以防该病交叉感染。

第二，及早铲除病株病蘖，防止传播蔓延。对重病树应立即刨除，要刨净根部，以免萌生病苗。轻病树要及早锯除病枝。

第三，防治传毒叶蝉，切断传播途径。

第四，加强枣树的土、肥、水综合管理。增施农家肥和磷、钾

肥，缺钙土壤要追施钙肥，改善树体营养状况，增强树体抗病能力。

第五，手术治疗。目前用药物防治效果不太明显。近年来许多单位试验研究表明，在冬季手术治疗枣疯病治愈率可达85%以上，收到了较好的防治效果。冬季手术治疗枣疯病，要早发现、早治疗，树上、树下齐动手，切忌只治树上部、不治树下部，手术治疗要彻底、干净、不留后患。

（三）枣炭疽病

枣炭疽病，俗称"烧茄子"病，是枣树果实的主要病害之一。在河南、山东、山西和河北枣区，常局部发生。病果品质下降，重者失去经济价值。

1. 发病症状 该病主要危害果实，也侵染枣吊、叶片、枣头和枣股。果实染病后，肩部或果腰的受害处，最初变为淡黄色，进而出现水渍状斑点，逐渐扩大为不规则黄褐色斑块，中间产生圆形凹陷。病斑连片后呈红褐色，造成果实早落。早落的果实枣核变黑。天气潮湿的时候，在病斑上形成黄褐色的小斑点，病果果肉变褐，味道发苦，重者在晒干后仅剩下果核和丝状物连接果皮，不堪食用。炭疽病果，果肉糖分低，品质差，多数并不脱落，非感病部分果实可正常着色，愈加成熟发病愈轻。炭疽病一旦在染有缩果病的枣果上感染，黑褐色病斑的发生非常迅猛，落果严重。只患有缩果病的枣果，果核一般不变颜色；一旦感染上炭疽病后，果核则变黑。

2. 发病规律 枣吊、枣头、枣股受侵染后，不表现症状，而以潜伏状态存在，病菌以菌丝体在残留的枣吊及枣头、枣股上越冬，和病浆果一起成为翌年的初侵染源。分生孢子堆具有水溶性胶状物，在自然条件下须有露水或风雨交加的天气都能传播。据有关资料介绍，刺伤和没刺伤的果实均能致病。在人工接种条件下，苹果、核桃、葡萄和刺槐等也可发病。从6月下旬开始，即有

病菌传播，7 月中旬，田间被侵枣树开始发病，7 月下旬至 8 月中旬为发病盛期。这时，枣树大量落果，病果多数腐烂变质。该病发生的早晚及其程度，与当地降雨早晚和阴雨天气的持续时间密切相关。降雨早而且连阴天时，发病就早而重；在干旱年份发生则轻或不发生。叶片受害后变黄，早落，有的呈黑褐色焦枯状悬挂枝头。

炭疽病一般零星发生，往往形成不了大的危害。而形成较大危害的多数情况是与缩果病、浆烂果病等交叉感染。

3. 防治方法

第一，清洁枣园。秋末冬初将枣园枯枝、落叶、落果和树残留的枣吊清除，以减少侵染源。加强综合管理，增施有机肥和磷、钾肥。适时防虫，压低传病害虫密度。合理间作，改善枣园生态环境条件，以增强树势，提高抗病能力。

第二，药剂防治。萌芽前喷 3 波美度石硫合剂，8 月上中旬枣果白熟期喷 1∶2∶200 波尔多液，或 50％多菌灵可湿性粉剂 700 倍液，或 75％百菌清可湿性粉剂 800 倍液，杀菌剂中可加入杀虫剂以兼治其他害虫。

第二，化学防治。于发病期前的 6 月下旬先用一次杀菌剂消灭树上病原，可选 70％甲基硫菌灵可湿性粉剂 800 倍液，或 50％多菌灵可湿性粉剂 800 倍液。临近发病期可结合枣锈病防治，于 7 月中下旬喷 1 次倍量式波尔多液 200 倍液，或 77％氢氧化铜可湿性粉剂 400～600 倍液。发病期的 8 月中旬左右，选用 1 000 万单位硫酸链霉素（每百万单位对水 6～8 升），或 10％多抗霉素可湿性粉剂 1 000 倍液交替使用，并混入 80％代森锰锌可湿性粉剂 800 倍液，或 40％氟硅唑乳油 10 000 倍液，每 10～15 天 1 次，至 9 月上中旬一般结束用药。

（四）枣黑腐病

枣黑腐病，俗称褐斑病、雾焯、黑腰等，是一种严重危害枣树果

实的病害。病斑为不规则变色斑，边缘清晰，起初为黄褐色，后变为红褐色或暗红色；果肉海绵状坏死，浅黄色或褐色腐烂，味苦。从20世纪80年代初开始，该病危害日趋严重。其在着色前后开始，发病快而集中，常常暴发流行。很多枣产区均有发生，一般年份因该病造成产量损失20%～50%，严重年份损失达70%～80%，甚至出现绝收。

1. 发病症状　该病在果实白熟期开始出现症状，每年8～9月份枣果膨大发白、近着色时大量发病。前期受害的枣果，先在肩部或胴部出现浅黄色的不规则变色斑，边缘较清晰。以后病斑逐渐扩大，病部稍有凹陷或皱褶，颜色也随之加深，变成红褐色，最后整个病果呈黑褐色，失去光泽。病部果肉为浅土黄色小斑块，严重时大片果肉甚至全部果肉变为褐色，最后呈灰黑色至黑色。染病组织松软，呈海绵状坏死，味苦，不堪食用。后期受害果面出现褐色斑点，并逐渐扩大长成椭圆形病斑，果肉呈软腐状，严重时全果软腐。该病在8月中下旬至9月上旬发病迅速，常表现为突发性和暴发性，特别是在果实白熟期至成熟期之间遇雨后的3～5天内，病情突然加重，病果率迅速增加。

2. 发病规律　病原菌的越冬场所为1～2年生枝条及多年生枣枝、枣股、树皮、落果、落吊、落叶等。在这些组织内能越冬存活，成为生长季大量初侵染源。病原真菌除了侵染果实外，还侵染枣叶、花和枣吊枝，但在枣叶、花和枣吊茎上不表现症状。

3. 防治方法

第一，搞好果园卫生。在秋、冬季清理落叶、落果、落吊，将其集中烧毁，并在早春刮树皮，以减少初侵染源。刮完树皮后，在萌芽前喷3～5波美度石硫合剂。

第二，自6月中下旬开始，每隔10～15天喷1次代森锰锌等广谱性杀菌剂，发病后选择40%嘧霉胺悬浮剂1 000～1 200倍液，或70%代森锰锌可湿性粉剂800～1 000倍液喷雾防治。

(五)枣缩果病

1. 发病症状 枣缩果病,又称枣萎蔫果病、枣雾蔫病等,是我国各大枣区的主要病害之一。发生缩果病的枣果首先在果肩或胴部出现黄褐色不规则变色斑,进而果皮出现水渍状、土黄色,边缘不清,后期果皮变为暗红色,收缩,且无光泽。果肉病区由外向内出现褐色斑、土黄色松软。病果吃起来味苦。果柄变为褐色或黑褐色。整个病果瘦小,于成熟前脱落。特别是阴雨连绵或夜雨昼晴的天气,最易暴发流行成灾。

2. 防治方法 加强果园土壤管理,在枣果变色转红期保持土壤湿润,预防或减少缩果的发生。

在枣果发病前后,用12.5%烯唑醇可湿性粉剂3000倍液,每隔7～10天喷1次,连喷3～4次。用链霉素200国际单位/毫升(即1000万国际单位对水50升)或土霉素200国际单位/毫升、卡那霉素140单位/毫升,70%代森锰锌可湿性粉剂800～1000倍液做全树喷施。每7天喷施1次,共喷施2～3次。由于上述药剂的水溶液容易失效,特别是链霉素,故使用这些药剂时最好现配现用。

(六)枣苗茎腐病

1. 发病症状 枣苗茎腐病,又称枣苗烂根病,枣实生苗及归圃苗的幼苗均有发生。枣苗生长至3～10片叶时(时间一般在5～7月份),茎及叶片呈现淡黄色,进而苍白、枯萎而死亡,但枯叶不落。挖土观察根茎部,其主茎皮层有黑褐色腐烂,木质部及髓部均已坏死,输导组织中断,苗木枯死,有的根部已腐烂。该病在全国各地枣区均有分布。

2. 防治方法

第一,要提高土壤的肥力,选择强壮苗木定植,提高枣苗的抗病能力。

第二，在枣树萌芽期对苗床普遍喷施 1：1：200 波尔多液；或用 50%异菌·福美双可湿性粉剂 800～1 000 倍液，对土壤进行消毒。

（七）枣煤污病

1. 发病症状与发病规律　枣煤污病，又叫枣黑叶病，该病危害枣树叶片、枝条和果实，严重时叶片、枝条和果实均被黑色霉菌所覆盖，整个树冠变为黑色，新叶萌发少，妨碍叶片正常光合、呼吸和蒸腾作用，因而造成花量小，花期短，坐果少，落果多，果实小，严重影响枣树的产量和品质。该病是由昆虫和霉菌引起的病害，在全国各地枣区均有分布。靠风力、昆虫或雨水传播，一年可多次重复感染。7 月中旬至 8 月中旬为发病盛期。介壳虫、蚜虫密度同该病害的发生成正相关。雨量大，空气湿度大的年份，可导致该病害大流行。

2. 防治方法

第一，适时防治介壳虫、蚜虫，是防治和减少该病发生与发展的关键。一旦控制住了这几种害虫的危害，煤污病就会很少发生。

第二，在 7 月中旬以前适时喷药，药剂为 50%多菌灵可湿性粉剂 800 倍液，或 50%异菌·福美双可湿性粉剂 800～1 000 倍液等，连续喷布 2～3 次，间隔时间为 7～10 天。

二、虫害防治技术

（一）桃小食心虫

1. 危害特点　桃小食心虫，又称“枣蛆”，在北方枣产区普遍发生。桃小食心虫危害枣果，幼虫蛀入果后，先在果皮下潜食，后蛀至枣核，幼虫在果内 17 天后老熟，脱果入土结茧。若不防治，虫果率可高达 50%～70%，重者几无好果。其虫粪留存果内，严

重影响果品质量，产量也明显下降。

2. 生活习性 桃小食心虫在河南、山东一年发生1～2代；在河北枣区一年发生2代，以老熟幼虫在树干附近土中，吐丝成茧越冬，分布在土层中的数量，占总数的89%左右。越冬幼虫于6月中下旬气温升高，土壤含水量达10%以上时开始出土。出土盛期在7月上中旬，8月中旬可全部出完。6月下旬至7月上旬，虫蛹羽化为成虫。

成虫凌晨交尾、产卵。卵多产于果实梗洼或萼洼、叶背面叶脉基部及果面伤痕处。卵期约7天。幼虫孵出后在果面爬行数十分钟至数小时，寻找适合的蛀入处。第一代幼虫在7月上旬开始蛀果，蛀果盛期在7月中旬。第二代幼虫蛀果盛期在8月下旬至9月上旬。

幼虫无转果危害习性，每头虫一生只危害一果。蛀入部位以近果顶部最多。蛀入孔极小，有如针孔一样 ，孔的周围呈现淡褐色，并略有凹陷。幼虫蛀果后，绕核串食，危害18天左右后老熟。7月上旬或8月上旬，老熟幼虫多随果实落地，一天后脱出果外，爬至树干颈部。一代入土做成扁圆形茧越冬；二代做纺锤形茧化蛹，并继续羽化为成虫，产卵孵化第二代幼虫，蛀果危害。第二代幼虫脱果时间为9月中下旬。二代幼虫多自树上果内脱出，入地做茧越冬。

3. 防治方法

(1)挖茧或扬土灭茧 春季解冻后至幼虫出土前(3月份至6月上旬)，可在树干根颈部挖拣越冬茧，尤其要注意上下树皮的缝隙处。也可在晚秋幼虫脱果入土做茧越冬后，把枣树根颈部的表土(距干约30厘米内，深10厘米)，铲起撒于田间，并把贴于根颈部的虫茧一起铲下，使虫茧长期暴露在地表，经过冬季风吹日晒及冰冻而死亡。据调查，采用此法，该害虫的死亡率高达90%以上，而且方法简便，可起到春季挖虫茧灭虫的作用。

(2)地膜覆盖、抑制幼虫出土 6月上旬，在树干周围100厘米以内的地面上覆盖地膜，能抑制幼虫出土、化蛹和羽化。

(3)拣拾落果或脱果幼虫 7月上旬或8月上旬，拣拾落枣，如果及时可消灭果内幼虫达80%以上。8～9月份，可在枣树下拣拾脱果幼虫(树干基部最多)，加以消灭。尤其在雨后脱果幼虫更多，须及时拣拾，予以消灭。

(4)药剂防治 虫害发生时及时喷药，严格掌握喷药时机，重点毒杀卵及初孵化幼虫。当看到第一头雄蛾时，正值越冬桃小食心虫幼虫出土盛期，是地面撒粉毒杀幼虫的有利时机。可于树干周围100厘米范围内撒施药粉，每株使用5%甲萘威粉剂25克。或喷洒48%毒死蜱乳油400～500倍液，施后耙地。施药后都应浅锄或盖上，以延长药剂残效期，提高杀虫效果。除地面洒施外，还可在越冬幼虫出土期在树冠下的地面施药，将越冬幼虫毒杀于出土过程中。

(二)枣尺蠖

1. 危害特点 枣尺蠖，又名枣步曲，是枣树最为重要的虫害之一。我国各大枣区均有分布，尤以北方枣区发生危害最为严重。其幼虫暴食性强，危害枣树的嫩芽、叶片、花蕾、枣吊和新的枝梢等所有绿色组织。发生严重时，可将枣叶或枣芽全部吃光，造成严重减产或绝收。

2. 生活习性 枣尺蠖一年发生1代，每年3～4月份羽化。雄成虫有翅，可以飞行；雌成虫无翅，羽化后先在树下杂草内潜伏，到傍晚或夜间后爬到树上与雄虫交尾，然后产卵于嫩芽和树皮裂缝内等部位。卵于4月中旬前后孵化。孵化出的幼虫，开始群集在树梢顶端危害嫩芽。枣尺蠖对枣树的危害盛期发生在5月份，之后老熟化蛹。幼虫爬行速度快，有吐丝从树上下垂的特性，可向四周扩散转移。

3. 防治方法

(1)挖越冬蛹，捕捉幼虫 春季(3月中旬前)，在树干周围直

径为100厘米、深10厘米的范围内，翻刨土层，将越冬蛹挖出，加以消灭。也可结合初冬或早春刨树盘时，将其蛹随时拣出。还可以利用幼虫受惊后假死落地的特性，在幼虫危害期摇树振落幼虫，就地捕杀。

(2)阻挡雌蛾和幼虫上树 由于雌蛾不会飞，可在3月中下旬在树干上缠塑料薄膜，阻止雌蛾上树交尾和产卵，并于每天早晨或傍晚逐树捉蛾。必须将齐缝口钉好，不留缝隙，以免雌虫乘隙上树。由于树干缠裙，雌蛾不能上树，便多集中在裙下的树皮缝内产卵。因此，可定期撬开粗树皮，刮除虫卵，或在裙下捆2圈草绳诱集雌蛾产卵，每过10天左右换1次草绳，将其烧毁。也可以将下部树干老皮刮去，涂10厘米宽黏虫胶，以便将雌蛾直接黏在树干上，然后捕杀。

(3)药物防治 根据枣尺蠖的特性及危害规律，可分2次用药防治，以幼稚虫体长4～10毫米时连续进行药物防治1～3次。选用2.5%溴氰菊酯乳油或20%氰戊菊酯乳油4 000倍液，或25%甲萘威可湿性粉剂300倍液等药物防治为宜。

(三)棉铃虫

1. 危害特点 棉铃虫，又名棉桃虫或钻心虫等。为世界性害虫，我国各地均有分布。其幼虫危害200多种植物，危害方式为吃食叶片、蛀食幼果。

2. 生活习性 西北地区棉铃虫一年发生2～3代，于晚秋入土2～6厘米以蛹越冬。在枣树上，第二代开始危害，后期较重。低龄幼虫食嫩叶，二龄后蛀食幼果，蛀孔外有虫粪。幼虫期为15～22天，幼虫有早晨在叶面上爬行的特点。成虫昼伏夜出，对黑光灯趋性强。

3. 防治方法 近20年来，棉铃虫在华北地区大范围内连年大发生，且抗性急剧增加，成为农业生产中的一大难题。在不少地区人们反映，打药次数增多，用药浓度提高，但防效不大。针对

上述情况，防治棉铃虫时首先注意测报、防治紧密结合，尤其应加强中、长期测报，让群众依据测报准备药物，在三龄前及时防治，避免因防治脱节而贻误战机。其次是在农药选择、配制、喷施3个环节上下功夫，以提高防治效果。具体说，还要做好以下几个方面。

第一，可用杨柳枝束、黑光灯和高压汞灯诱杀成虫。

第二，对一至二龄幼虫，可喷施100亿个活芽孢/克苏云金杆菌乳剂500倍液。

第三，要加强对周边农作物棉铃虫一代的防治，降低虫口密度。

第四，化学药剂可选用拟菊酯类、阿维菌素等杀虫剂。

（四）食芽象甲

1. 危害特点　食芽象甲，又名小灰象甲、食芽象鼻虫、枣飞象等。以成虫危害枣树的嫩芽或幼叶，大量发生时能吃光全树的嫩芽，迫使枣树重新复发，重新长出枣吊和枣叶，从而削弱树势，推迟生长发育，严重降低枣果的产量和品质。它除危害枣树外，还危害苹果、桑、棉、豆类和玉米等多种植物。另外，它的幼虫在土中还危害植物的地下根系。

2. 生活习性　食芽象甲每年发生1代，幼虫在地下越冬。一般4月上旬化蛹，4月中下旬枣树萌芽时，成虫出土，群集树梢啃吃嫩芽，枣芽受害后尖端光秃，呈灰色。幼叶展开后，其成虫将叶片咬食成半圆形或缺刻。5月中旬气温较低时，该虫在中午前后危害最凶。成虫有假死性，早晨和晚上不活泼，隐藏在枣股基部或树杈处不动，受惊后则落地假死。白天气温较高时，成虫落至半空又飞起来，或落地后又飞起上树。成虫寿命为70天左右。4月下旬至5月上旬，成虫交尾产卵。卵产在枣吊上或根部土壤内。5月中旬开始孵化，幼虫落地入土，在土层内以植物根系为食，生长发育。

3. 防治方法

(1)消灭春季出土的成虫 在春季成虫出土前，在树干基部外半径为1米范围内的地下，浇灌50%辛硫磷乳油150～200倍液，也可在树干周围挖5厘米左右深的环状浅沟，在沟内撒甲萘威药粉，毒杀出土的成虫。

(2)阻杀上树的成虫 成虫出土前，在树上绑一圈20厘米宽的塑料布，中间绑上浸有溴氰菊酯的草绳，将草绳上部的塑料布反卷，在阻止成虫上树危害的同时将其杀灭。

(3)成虫药剂防治 成虫盛发期选用2.5%溴氰菊酯乳油或20%氰戊菊酯乳油4 000倍液，或50%辛硫磷乳油2 000倍液，或25%甲萘威可湿性粉剂300倍液等药物进行防治。

(五)枣瘿蚊

1. 危害特点 枣瘿蚊，又名枣芽蛆或枣蛆。是枣树叶部主要害虫之一。它在全国各枣区分布广泛。以幼虫危害尚未展开的枣树嫩叶及食嫩叶表面汁液。被害叶显浅红色至紫红色，呈肿皱筒状，不能展开，质硬而脆，最后干枯脱落。

2. 生活习性 此虫每年第一代发生时，正值枣树发芽展叶期。它的危害常造成大量嫩叶不能展开，对枣树生长开花极为不利。近年危害有加重趋势。

枣瘿蚊一年发生5～6代，以老熟幼虫做茧在树下浅层土壤中越冬。翌年4月中下旬化蛹，羽化。成虫产卵于未展开的嫩叶缝隙处、刚萌发的枣芽上。幼虫孵出后吸食嫩叶汁液，刺激叶肉组织由两边向上边卷起呈筒状，幼虫隐藏于其中危害。每片叶内藏有幼虫5～8条，甚至更多。5月上旬为危害盛期。5月中下旬，被害严重的叶片开始焦枯。5月下旬，第一代老熟幼虫脱叶入土，结茧化蛹，6月上旬羽化为成虫。成虫十分活跃，寿命却只有2天左右。各代羽化不整齐，全年有5次以上明显的危害高峰。最后，老熟幼虫于8月下旬以后入土，做茧越冬。

3. 防治方法　很多枣农对枣瘿蚊的生活习性及危害特点认识不足，不能抓住其防治关键时期对症下药，致使防效不佳。为此，根据近年有效防治枣瘿蚊的经验，提出以下防治方法。

(1)人工防治　秋末冬初或早春，深翻枣园，把老茧幼虫和蛹翻到深层土壤，阻止它春天正常羽化出土，消灭越冬成虫或蛹。

(2)地面毒杀　在枣芽萌动时，成虫羽化出土前或老熟幼虫从叶片上脱落前，在地面撒施药粉，毒杀羽化出土的成虫或脱叶后的幼虫。使用2.5%敌百虫粉剂，撒后耙地1次。

(3)喷药防治　重点防治越冬代和第一代。喷布20%甲氰菊酯乳油2000倍液，或80%敌敌畏乳油1000倍液，或用240克/升螺虫乙酯和70%吡虫啉水分散粒剂，以及70%吡虫啉水分散粒剂和2.5%溴氰菊酯可湿性粉剂的混剂喷雾防治，每10天1次，连续2～3次，防治效果较好。

(六)枣叶壁虱

1. 危害特点　枣叶壁虱，又名枣锈壁虱、枣瘿螨。以成虫和若虫危害叶、花和幼果。叶片受害后，基部和沿叶脉部分，先呈现灰白色，发亮，后扩展至全叶，叶片加厚变脆，沿主脉向叶面卷曲合拢，使光合作用减退，后期叶缘焦枯，容易脱落。蕾、花受害后，逐渐变为褐色，并干枯脱落。果实受害后，呈现褐色锈斑，甚至引起凋落。

2. 生活习性　枣叶壁虱的成虫或老龄若虫，在枣股芽鳞内越冬，翌年枣芽萌发时，即出蛰活动。每年发生3～4代，枣树展叶后，它们多群聚于叶柄和叶脉两侧刺吸叶汁。在枣树生长季节可形成多次危害高峰：一是展叶至新梢速长期(4月下旬至5月上旬)；二是盛花中期(6月中旬)；三是生理落果至果实膨大初期(7月份)。每次高峰期持续5～7天。5月下旬至6月中旬，为其危害高峰时期。7～8月份，虫口渐少。9月中下旬，该虫开始转入芽鳞缝隙越冬。此虫个体很小，需借助25倍以上的放大镜才能

察看到。危害初期，受害部分没有明显症状。到6月中下旬后，受害叶片才逐渐现出灰白色，并加厚变脆，受害的蕾和果才显出锈蕾、锈果等症状，因此易被忽视而造成损失。

3. 防治方法

第一，在发芽前，喷布1次3～5波美度石硫合剂。枣股部位应喷重一些，以杀灭在芽鳞上越冬的成虫。

第二，在展叶后，喷布0.3～0.5波美度石硫合剂，或20%四螨嗪悬浮剂3000倍液，或20%双甲脒乳油2000倍液，或24%螺螨酯悬浮剂4000倍液，喷药防治工作必须在发芽后及早进行。

（七）绿盲椿象

1. 危害特点 绿盲椿象，又名小臭虫等，为世界性的杂食性害虫。以成虫和若虫的刺吸式口器危害寄主的幼嫩芽叶和花蕾。植物幼嫩组织被害后，先出现枯死小点，随后变黄枯萎，随着叶芽的伸展，被害处变成不规则的孔洞和裂痕，叶片皱缩变黄。被害枣吊不能正常伸展，花蕾受害后，停止发育，以至枯落。因此，受害重的植株，几乎没有花开放。

2. 生活习性 绿盲椿象一年发生数代，卵在植物的枝内或树皮内过冬，翌年3～4月间，平均气温达10℃以上，其卵开始孵化。枣树发芽后，幼虫即开始上树危害。5月上中旬枣树展叶期为危害盛期。5月下旬以后，气温逐渐升高，虫口密度渐少。第二代至第四代，分别在6月上旬、7月中旬和8月中旬出现。成虫寿命为30～50天。其飞翔力强，白天潜伏，稍受惊动便迅速爬迁，不易发现。清晨和夜晚，成虫爬到芽上取食危害。

3. 防治方法

（1）灭卵 在春、秋季刨树盘，铲除杂草，消灭越冬虫卵。

（2）药剂防治 早春越冬卵孵化后，对其越冬作物喷洒50%敌敌畏乳油1500倍液，或20%甲氰菊酯乳油2000倍液。在5月上中旬和第一代危害期，进一步进行药剂防治。

(八)枣龟蜡蚧

1. 危害特点　枣龟蜡蚧,又名日本龟蜡蚧、枣龟甲蚧。寄主有多种树木。在局部地方的枣树上发生严重。以若虫、成虫固着在叶片和小枝上刺吸树液,其排泄物常引起霉菌寄生,枝叶被污染后呈黑色,群众称为“煤污病”。它影响光合作用,造成树势衰弱,落果加重,产量下降。不仅造成当年减产,而且影响后几年的树势。枣龟蜡蚧是枣树的主要害虫之一。

2. 生活习性　枣龟蜡蚧一年发生1代,以受精雌虫在枝条上越冬。翌年3～4月间虫体发育,在树条上取食危害,4月中下旬迅速膨大成熟。该虫6月初开始产卵,气温23℃左右时为产卵盛期。产卵后,母体收缩,干死在蜡壳内。虫卵自6月底至7月中旬孵化,7月中旬达孵化盛期。孵化后多固定在叶的正面、枣头及二次枝上危害。若虫可借风传播。8月下旬至9月上旬,雄成虫羽化,9月中下旬为羽化盛期。交尾后雄虫死亡,雌虫在叶上危害,一直持续到8月中下旬。至9月上旬大多数返回枝条,固定越冬。

3. 防治方法

(1)人工捕杀　冬季结合修剪,剪除虫枝,或用刷子、木片或玉米芯等物,刷除越冬虫体。虫体落地后则无法再爬回枝上而死亡。

(2)化学防治　在若虫未覆被蜡层前,必须进行药物防治,被蜡后防治效果不够理想。在幼虫孵化期,可喷25%喹硫磷乳油1 000～1 500倍液,或50%甲萘威可湿性粉剂500倍液,或25%亚胺硫磷乳油400倍液;也可用2.5%氯氟氰菊酯乳油4 000倍液,或20%甲氰菊酯乳油3 000倍液。第一次喷药后间隔半个月可再喷1次,这样收效更显著。

(3)保护天敌　枣龟蜡蚧的天敌种类多,若在危害盛期天敌密度较大、种类较多时也可不用农药防治,达到自然控制害虫的目的。

(九)红 蜘 蛛

1. 危害特点 红蜘蛛属蜱螨目叶螨科害螨。近年来,红蜘蛛在不少枣区发生严重。它危害叶片,抑制光合作用,减少营养积累,严重时使叶片枯黄,造成提早落叶、落果,影响产量。

2. 生活习性 红蜘蛛每年的发生代数,因气候条件而异。在北方枣区,一年发生 10 代以上。繁殖方式主要为两性繁殖,每只雌成螨日产卵 6～8 粒。10 月中下旬,雌螨迁至树皮缝隙、杂草根际及土块下等处越冬。翌年 4 月下旬,越冬红蜘蛛开始活动,5 月下旬开始危害。6 月份气温升高,红蜘蛛大量向枣树上转移,并逐渐向树顶和外围扩散危害,6～8 月份危害最重。高温干燥,是该螨猖獗危害的主要条件。

3. 防治方法

(1)消灭越冬螨 春秋两季刮树皮,发芽前喷布 3～5 波美度石硫合剂,早春把树干周围的表土散开、清除杂草等,均可以有效地消灭越冬螨。

(2)树干涂抹黏虫胶 于 4 月下旬、5 月底、7 月初在树干中下部涂抹 5～10 厘米宽的黏虫胶环,可有效防止红蜘蛛危害。注意涂抹黏虫胶后要把接触地面的下垂枝疏除或适当回缩,以免影响效果。

(3)化学防治药剂交替使用、混合使用 树上成螨达到防治指标时(2～4 头/叶),喷布 20%四螨嗪悬浮剂 2 000 倍液+3%阿维菌素微乳剂 5 000 倍液。可与哒螨灵、甲氰菊酯、三唑锡乳油等常用药交替使用,可选用 15%哒螨灵乳油 1 250 倍液,或 95 克/升喹螨醚乳油 1 000 倍液,或 20%三唑锡乳油 500～1 000 倍液,或 200 克/升双甲脒悬乳液 800 倍液,避免产生抗药性。

(十)灰暗斑螟

1. 危害特点 灰暗斑螟,俗称“甲口虫”。经幼虫危害枣树的甲口和其他寄主的伤口。害虫啃食愈伤组织，使甲口愈合不良，影响营养物质的输导，削弱树势，加重落果，使产量下降，重者导致整株死亡。该虫食性较杂，除危害枣树外，还危害多种树木。

2. 生活习性 灰暗斑螟一年发生4～5代，以第四、第五代幼虫越冬为主，交替出现，有世代重叠现象。幼虫在危害处附近越冬，翌年3月下旬开始活动，4月初化蛹，4月底羽化，5月初即出现第一代幼虫。第二代和第三代幼虫危害枣树甲口最严重。第四代幼虫出现在9月下旬以后，于11月上旬进入越冬期。

3. 防治方法

(1)刮树皮，喷农药，减少越冬虫源 在越冬代成虫羽化前(4月中旬以前)，人工刮除被害甲口的老树皮、虫粪及主干上的老翘皮，予以集中烧毁，并对甲口及树干仔细喷布48%毒死蜱400倍液。这对削减越冬虫源效果显著，除虫率为90%以上。

(2)涂抹防虫药剂 开甲后，随即用毛刷、板笔等对甲口涂药保护，药量以涂湿甲口为度。药剂选用48%毒死蜱乳油400倍液，或90%敌百虫可溶性粉剂200倍液。甲口晾至15～20天后，就可就地取土和泥，用泥将甲口抹平，一般过1周左右甲口即可愈合。

(十一)枣黏虫

1. 危害特点 枣黏虫，又名贴叶虫、卷叶蛾、包叶虫等，枣黏虫的幼虫吐丝缠绕叶片做包，然后咬食叶片，并串食花蕾和花，危害幼果。后期幼虫将枣叶与枣果用丝粘在一起，食害叶片及果柄处的果肉，造成落果和减产。

2. 生活习性 枣黏虫在北方枣产区一年发生3代，且世代重叠。以蛹在枣树主干和主枝粗皮裂缝中越冬。越冬蛹在树体上以主干上的虫口密度最大。成虫具有强烈的趋光性。幼虫在叶内取食，幼虫吐丝缠卷叶片，做包取食危害，并串食花蕾和花。第一代幼虫在枣树发芽至展叶生长期(即4月下旬至5月中旬)。

这一代幼虫在孵出后很快钻入尚未展开的嫩芽内危害，继而吐丝粘叶危害。幼虫稍大后有转包危害的习性，一生中可转移2～3个叶包。幼虫老熟后在叶内做茧化蛹。第二代幼虫在枣树现蕾至开花坐果期(6月中旬至7月初)。这一代幼虫，不仅危害叶片，还危害花蕾、花朵和幼果，造成落蕾、落花和落果。这一代幼虫老熟后，在包叶内化蛹。第三代幼虫正值枣果熟前至变色期(8月上旬至9月中旬)。它们除吐丝粘叶外，还以丝粘连叶、果，啃食果皮或钻入果内取食果肉，并将粪便排出果外，使受害果大量脱落，严重影响果实的产量和质量。这代幼虫于9月中旬爬入树干粗皮裂缝和根颈表土下，做茧化蛹越冬。

3. 防治方法

(1)刮树皮 采取此项措施可以消灭越冬虫蛹的绝大部分。宜在冬季11月份和翌年2月底进行。刮树皮前先在枝干下铺塑料布，承接刮下的老树皮和害虫，然后将刮下的树皮和害虫集中烧掉或深埋。每隔1～2年进行1次即可。

(2)用草把诱杀成虫 于9月中旬前，在树干近分杈处绑草把，将树干围严。草厚3厘米以上，以诱集越冬幼虫。11月份以后，取下草把烧毁，并将树皮上的虫茧刮掉。

(3)用黑光灯诱杀成虫 利用成虫趋光习性较强的特点，在成虫发生期，于晚间用黑光灯诱杀成虫，每10～15行枣树为一带，一带中每200～300米距离设1盏黑光灯即可。

三、病虫害防治注意事项

(一)防治关键时期及防治对象

1. 春季发芽前防治 枣树的树皮裂缝和病虫枝，是病菌害虫的主要越冬场所。春季枣树发芽前，先刮树皮，剪病虫枝，然后用3～5波美度石硫合剂对枣树进行喷洒，可有效地破坏病菌害虫的

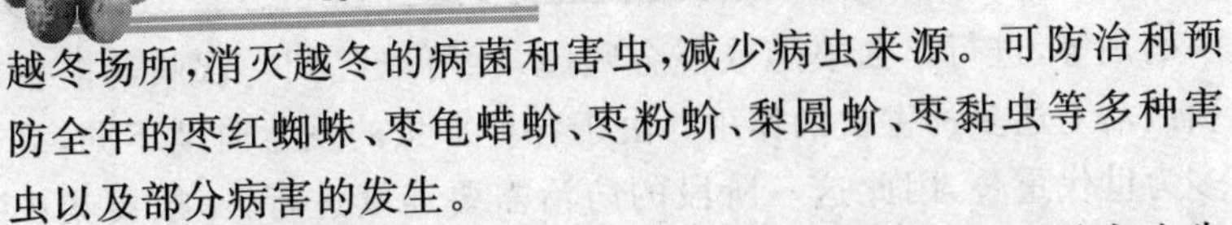

越冬场所，消灭越冬的病菌和害虫，减少病虫来源。可防治和预防全年的枣红蜘蛛、枣龟蜡蚧、枣粉蚧、梨圆蚧、枣黏虫等多种害虫以及部分病害的发生。

2. 枣树发芽期间的防治技术 枣树发芽期间，有多种害虫先后危害枣芽和嫩叶。为达到一次喷药防治多种害虫的目的，可以在了解各种害虫的发生时间、危害情况的基础上，选择枣芽长到1厘米左右长的有利时机，喷布10%噻嗪酮1 500倍液，或1%甲胺基阿维菌素苯甲酸盐乳油3 000倍液，并与有关的触杀性药剂混合使用。主要防治的虫害有枣步曲、枣瘿蚊、绿盲椿象、枣叶壁虱、食芽象甲、大灰象甲和枣粉蚧等。

3. 春季营养生长旺季的防治技术 每年的5月中旬至6月上旬，正是枣叶、枣吊旺盛生长和花蕾发育的时期，常有枣步曲、枣瘿蚊、枣黏虫、绿盲椿象、枣叶壁虱、枣红蜘蛛及食芽象甲等多种害虫先后危害枣叶、嫩枝和花蕾。这时，可以通过调查，先找出当时危害枣树的主要虫害作为防治主要对象，选用有内吸性和触杀性杀虫、杀菌药剂及杀螨剂等，进行单独喷施或混合喷施，就可以起到一次喷药防治和兼治上述多种害虫的作用。由于这一时期虫害较多，各种虫害不可能同时、同期发生，且多世代重叠，因此5月上旬和下旬应连喷2次药，防治效果才最理想。

4. 花期坐果用药技术 为了促进枣坐果，在花期一般都需要喷施某些促进坐果的植物生长调节剂、硼肥或一些叶面肥料，遇到干旱年份还要喷清水以调节枣园内的湿度。这些技术措施大部分都放在一起进行，可以将上述几种酸碱度基本一致的药剂、化肥、微肥放到一起喷施等。

5. 枣幼果期病虫防治技术 枣坐果以后至幼果期一段时间内，枣黏虫、枣红蜘蛛、桃小食心虫、枣龟蜡蚧、二代棉铃虫都是枣树上的重要害虫，应随时注意虫情预报、及时到枣园仔细观察和调查，找出这一时期各自枣园的主治对象，安排好防治时间，确定好喷药种类，选用有内吸性作用的有机磷农药和触杀性杀虫剂及

杀螨剂等,进行单独喷施或混合喷施,就可以起到一次喷药防治和兼治上述多种害虫的作用。由于各种害虫的发生时期不同,且多为世代重叠,因此这一阶段的防治需要连续进行,一般要集中施药 2 次方能奏效。

6. 秋季防治技术 进入秋季以后枣园的病虫害以病害为主,同时某些虫害也时有发生。在这一阶段正是炭疽病、缩果病、枣褐斑病等多种病害发生的时期。此期需要注意以下几点。

(1)防治病害的原则是宜早不宜晚 在枣区大多数枣农都是看到出现病害后才进行防治,其实已经延误了最佳的防治时期。

(2)选择能够混用的农药一起混用 此期不仅防治虫害、病害所用的农药不一样,就是在几种病害当中,由于感病的病菌类型一样,选择用药的种类也不相同。如对炭疽病、枣褐斑病等病的防治需用杀真菌的药剂,而对于缩果病则必须用杀细菌的农药。同时,还要考虑用杀虫剂,在防治其他虫害的同时,还需对引起缩果病的有害昆虫予以防治。由于病虫种类复杂,在选择用药时要注意各种农药的药性,按照能否混用的原则将几种药剂混合施用,从而达到一次使用、防治多种病害的目的。

(二)合理施用农药的基本技术

1. 害虫产生抗药性的原因 抵御外界恶劣环境,是生物的一种本能。植物的害虫在不断受到农药袭击后,同样也会逐渐产生抗药性,尤其是在同一种农药的连续袭击下,这种反应更为强烈。另外,一种农药喷施到同一种病原体或害虫上,敏感的个体容易死亡,而不敏感的个体就有针对性地存活下来并继续繁殖下一代。这些不敏感的个体所产生的下一代,也是不敏感的。长此繁殖下去,这些不敏感的个体就成了优势种群,也就是人们所说的抗药性病原体或害虫。

具体来讲,病原体或害虫产生抗药性的原因,有内因和外因 2 种。在内因中,又包括它们本身的生物学特性、本身的解毒能力、

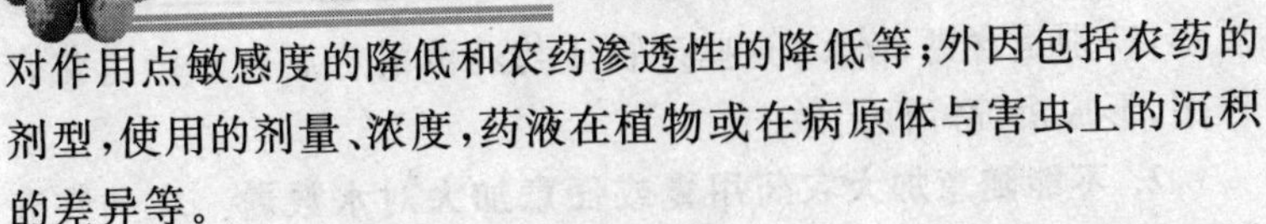

对作用点敏感度的降低和农药渗透性的降低等;外因包括农药的剂型,使用的剂量、浓度,药液在植物或在病原体与害虫上的沉积的差异等。

2. 避免枣树害虫产生抗药性的措施 由于农药在枣树上的反复使用,害虫越来越易产生抗药性,从而影响果树的正常生长。应采取各种措施以避免害虫产生抗药性。克服防治对象抗药性的主要措施有以下几条。

(1)综合防治 在防治害虫过程中,不要单纯依靠化学农药,应采取农业、物理、生物等综合防治措施,使其相互配合,取长补短。

(2)轮换用药 不要长期使用单一品种的药剂,以切断生物群中抗性种群的形成途径。轮换用药应尽量选用作用机制不同的药剂。如轮换使用有机磷制剂、拟除虫菊酯制剂、氨基甲酸酯制剂;内吸杀菌剂易引起抗药性,宜与代森锰锌类、无机硫制剂、铜制剂轮换使用;石硫合剂对害虫不产生抗药性。

(3)混合用药 两种作用方式和机制不同的药剂混用也可以减缓抗药性的发生和抗药性产生的速度。如甲霜灵与代森锰锌混用,有机磷制剂与拟除虫菊酯混用。

(4)间断使用或停用 当某种病原体或害虫对一种农药已经产生抗性后,如果在一段时间内停止使用这种农药,则其已经产生的抗药性就会降低,经过若干年后可基本消失。

(5)采取正确的施药技术 针对病虫害产生的外在因素,采用正确的施药技术,科学地解决诸如农药的种类、剂型、施用浓度和施用方法等问题。

(6)使用增效剂 增效剂为能抑制害虫体内杀虫剂分解酶活性的化合物,能提高药效。

(三)提高农药药效的途径

1. 尽量使用净水配制农药 水中杂质多,用其配药易堵塞喷药器的喷头,同时还会破坏药液悬浮性而产生沉淀;水中含矿物

质多，特别是含钙、镁多，这些矿物质与药液混合后容易产生化合作用，形成沉淀降低药效。

2. 不能随意加大农药用量或任意加大对水数量 农药在获准生产销售之前，都要经过严格的田间药效试验，然后确定用药量、用药时间、施药次数等实际使用数据。因此，按照使用说明书上规定的用量施药，即能达到防治效果，而加大用药量不仅加大了投入，而且还会使农作物产生药害，增加农产品中农药的残留量，加重环境污染。而过多加大对水量则正好相反，会使农药的浓度降低、喷洒在作物上只留下极少量的农药，不足以将害虫杀死，达不到防治目的。过量加水还会造成农药的流失，也会导致环境污染。因此，在配制农药时，要按照规定的农药使用浓度范围，严格控制加水量。

3. 忌在风、雨天或烈日下施用农药 刮风时喷施农药会使农药粉剂或药液飘散；而雨天喷施农药，药剂易被雨水冲刷而降低药效；在烈日下喷施农药，植物代谢旺盛，容易发生药害，同时易使药物挥发，降低防治效果。因此，应掌握最佳施药时间，以清晨或傍晚为宜。

4. 不要在开花期间喷施农药 枣树的开花期施用农药会影响枣树的开花、授粉，而且此时枣花和幼小稚果组织幼嫩，抗逆能力弱，特别容易发生药害，因而喷药时必须避开。为了保证能做到这一点，花前用药一定要及时、准确，将病虫控制到花期不能形成危害的程度，避免花期用药。

5. 农药混用要合理 有些农药混合使用可以达到增加防治效果和减少用药量的作用，或达到虫草或病虫兼治的效果。如有机磷农药中的大多数品种遇到碱性农药（波尔多液、石硫合剂等）或碱性介质就会迅速分解失效；在需要混用时，一定要了解各种农药的性质、特点，弄清是否可以混用。

6. 忌在采收前喷施农药 一般高效剧毒农药残留期限 60 天左右，高效低毒农药残留期为 15 天左右。因此，在采收前要禁止

施药。

7. 科学施用农药　应根据作物种类、防治对象和药剂性能的不同而采用相应农药，做到对症下药。同时，要避免长期使用某一种药剂，因此在一个地区应提供多品种农药交替使用，以延续某种农药的使用期限，达到科学防治、降低成本的目的。

（四）枣树发生药害后的补救措施

在枣树的生长过程中，因喷洒液体农药（含除草剂、植物生长调节剂等）、粉剂农药过量，或错喷农药，便会造成药害。如不立即采取补救措施，轻者影响果树正常生长，造成减产减收；重者会导致果树死亡，造成严重经济损失。总结各地经验，发生药害后可采用以下措施进行补救。

1. 喷清水、漂白粉液和高锰酸钾液　用清水稀释或洗掉沾附在叶面和树枝上的农药，降低树体上的农药含量。这项措施对各种杀虫剂、杀菌剂、除草剂及植物生长调节剂等造成的药害都有效，而且越及时、越早，效果越显著。药害比较重的枣园可用1%漂白粉液进行叶面喷施，效果更好。果树发生药害后，立即对树体喷洒高锰酸钾 7 000 倍液，由于高锰酸钾是强氧化剂，对化学物质具有氧化分解作用，有明显的解毒效果。

2. 应用有关的植物生长调节剂或其他物质　适当应用促进生长的植物生长调节剂或其他促进营养生长的物质，促使受害果树尽快恢复长势，可以提高植物的抗逆力。如药害表现为对枣树抑制、变形或造成叶片受损时，可使用有促进作用的植物生长调节剂，如赤霉素、生长素等，按一定的倍数对水喷洒；也可用腐殖酸钠一类的物质，或促进营养生长的叶面肥。按要求将它们配成一定比例的水溶液进行叶面喷雾。另外，叶面喷施 0.4%尿素溶液或 0.3%磷酸二氢钾溶液效果也很好。有条件的地方也可同时对土壤追肥（氮、磷、钾等化肥或稀释的人粪尿等），以促使受害果树尽快恢复长势。采取以上任何一项措施后，一般 3～5 天后叶

片就会逐渐转绿，减轻药害，恢复长势。

3. 因药施药、对症下药 不同农药造成的药害应该采用与其药性相反的农药进行处理，从而中和或破坏所施药物的有效成分，将药害减轻到最低程度。

因波尔多液中的铜离子造成的药害，可喷 0.5%左右的石灰水溶液来中和处理。但要注意石灰水的浓度和施用量，浓度过大反而会加重这类药害。

因石硫合剂等碱性农药造成的药害，可在用清水洗的基础上，再喷洒米醋 400 倍液；也可喷施硫酸铵等酸性化肥等，均可减轻药害。

若使用乐果等酸性农药不当而引起的药害，喷施硼砂 200 倍液 1～2 次，可减轻药害。如酸性农药造成的药害较重，可多喷几次，或对土壤施用一些草木灰或生石灰。

若错用或过量使用有机磷、菊酯类、氨基甲酸酯类等农药造成的药害，可喷洒 0.5%左右的石灰水、中性洗衣粉、肥皂水溶液等；也可喷洒碳酸氢铵等碱性化肥溶液来中和，这不仅有解毒作用，而且还可以起到促进生长发育的效果。不管是喷洒碱性物质、碱性化肥还是洗涤剂一类的物质，一定要注意适量，以免浓度过大而加重药害。

4. 中耕松土 中耕松土，能够改善土壤的通透性，促使根系发育，增强植物自身的抗药能力。果树受害后，要及时对土地进行中耕松土，同时适当增施磷、钾肥，以改善土壤的通透性，促使根系发育，增强它们自身的恢复能力。

5. 适量修剪 适量修剪，防止受周围病菌侵染而引起病害。果树受到药害后，要及时适量地剪除枯枝、枯叶，防止受周围病菌侵染而引起病害，必要时喷施有关的杀菌剂。

四、农药的鉴别及混用技术

（一）农药的鉴别技术

1. 乳剂农药的鉴别技术 鉴别乳剂农药的好坏，简易方法主要有以下3种。

(1)稀释法 取1毫升乳油农药，加水1 000毫升，充分搅拌后静止1小时。如果表面没有乳油，底部无沉淀，溶液呈均匀的乳白色时，说明这种药剂良好；如果底部有沉淀或水油分层时，表明该药剂已经失效。

(2)热溶法 把已经有沉淀的瓶装农药放到温水中，温热1小时后观察。若沉淀物已经慢慢溶化，表明药剂没有变质；若沉淀物很难溶化或不溶化，说明这种农药基本失效或完全失效。

(3)直接观察法 正常农药瓶内无分层现象，上下均匀，透明一致。直接观察一瓶农药的好坏时，首先看瓶内有无分层现象，如果存在分层或下部有沉淀，即可初步断定是失效农药。再用力振荡药瓶，使瓶内的药剂分散，静止1小时后再观察，若无上下分层，表明是轻度失效；若仍有明显的分层，则说明已经失效。

2. 粉剂农药的鉴别技术 鉴别粉剂农药的好坏，简易方法主要有以下2种。

(1)溶解法 取可湿性粉剂30克放在玻璃瓶内，先加少量水调成糊状，再加150毫升清水，搅拌均匀后静止观察，溶解性好，悬浮粉粒少，且沉淀速度慢的，是未变质的农药；沉淀速度快，粉粒大，有时还成团，说明粉剂农药已经失效。

(2)直观法 正常粉剂农药，眼看如粉，手摸如面，无吸潮结块现象。有受潮特征，手摸发潮、成团时，多半是失效农药；药粉自然结块、成团，则已经基本失效。

（二）两种重要杀菌剂的配制及使用技术

1. 石硫合剂的作用及配制

(1)石硫合剂预防病虫害的种类　石硫合剂是一种良好的杀虫、杀菌和杀螨剂。它是用硫黄、生石灰和水熬煮而成的红棕色透明液体。它具有臭鸡蛋味，为强碱性，有腐蚀作用，主要成分是多硫化钙和部分硫代硫酸钙。多用于防治红蜘蛛、枣叶壁虱、木虱、各种蚜虫、枣锈病、叶斑病、枣粉蚧、梨圆蚧和大球坚蚧等多种病虫害，是早春在枣树管理中经常使用的一种廉价农药。

(2)熬制石硫合剂的方法　枣农可以根据自己的需要熬制石硫合剂。所要准备的原料是生石灰、硫黄粉和水，这 3 种原料的比例是 1∶2∶10。其熬制方法是：先将水放在铁锅内加热、烧沸，同时先用少量的热水将硫黄粉拌成糨糊状，然后慢慢倒入烧开水的锅内，并不停地搅拌。当水再次沸腾后，将石灰粉分 3～4 次加到锅内，进行搅拌，并减小火势。加完石灰后，一般再加热 20～25 分钟，即成红棕色的石硫合剂溶液，可将其过滤后倒入缸内备用。一般熬制的石硫合剂的浓度，可以达到 1.21～1.26 克/升；用波美度计测量为 25～30 波美度。

各种熬制方法虽然不完全一样，但有一个基本规律可循。熬制火候与药液的浓度有直接的关系，欠火或过火都会降低溶液原浓度，可以边熬边测量。其方法是，当药液开始变色时，不停地将锅内药液滴到清水碗内，若药液轻轻滴在水面上后立即四散，说明熬制的时间不够；若药液滴到水面后立即下沉，说明熬过了头，应立即停火；若药液滴到水面后，马上在水面形成一层药膜，既不四处扩散，又不下沉，则说明已到最佳熬煮时间，应立即停火出锅。

药液熬成倒入大缸内之前，应先用多层纱布过滤，去除残渣，最后才能得到红棕色透明的原液，再用波美度计测出度数后封

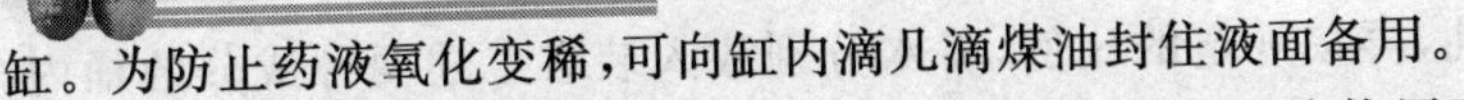

缸。为防止药液氧化变稀,可向缸内滴几滴煤油封住液面备用。

(3)正确使用石硫合剂的方法 在枣树各生育期正确使用石硫合剂非常重要。石硫合剂使用的浓度,因季节和枣的生育期不同而不同:在春季枣树休眠后期(发芽前),一般使用浓度为 3～5 波美度;在枣芽萌动期,一般使用浓度为 1～3 波美度;在展叶期,一般使用浓度为 0.2～0.3 波美度。将石硫合剂由高浓度稀释成低浓度时,可用下列公式计算:

石硫合剂加水量(升)=(原溶液的波美度数－目前使用的波美度数)÷目前使用的波美度数

2. 波尔多液农药的作用及配制

(1)波尔多液预防或防治病害的种类 波尔多液是一种胶态型天蓝色悬浮液。在植物杀菌史上,具有历史长、应用广、药性好和无公害等特点,是枣农常用的一种保护性杀菌剂。它不仅能够防病,且兼有提高酶的活性,增加叶绿素的含量,加强光合作用等性能。许多特点都是目前各种杀菌剂所不具备的优点。

它的防病作用是可以在植物表面形成一层保护膜,其膜上密布着一层游离的铜离子。菌体或病原体落在上面后接触铜离子,铜离子可以渗入菌体细胞与酶结合,使细胞失去活性和生命力,因而起到防病的作用。

波尔多液是农林、果蔬和花木各种植物的常用保护性杀菌剂,主要预防或防治真菌类病害,同时也对细菌性病害有一定抑制作用,宜在发病前喷施。对枣锈病、霜霉病和炭疽病等,有很好的疗效。此外,它在各种果树和农作物上还可以预防多种病害。

(2)配制波尔多液的方法 应用波尔多液防治的对象不同,所使用的浓度(配方)也不一样。在枣树上使用波尔多液,多采用倍量式,硫酸铜、生石灰和水的比例为 1∶2∶150～200。

枣农自己配制波尔多液,可采用纯度高的深蓝色的块状硫酸铜(或已粉碎成粉的)和新鲜生石灰。配制时,先将硫酸铜用热水化开,使其溶解成绿蓝色的液体;同时,将生石灰用水化成石灰

乳，再按规定的比例，将水分别放入装有上述两种成分的桶内。然后采取两桶并入法，将上述两种药液同时倒入一个大桶内，一边倒，一边搅拌，使之成为天蓝色的溶液。

第七章

枣树采收技术

一、采收分级

（一）红枣采摘时间

同一品种，根据枣果的成熟过程，大体可分为3个时期，即白熟期、脆熟期和完熟期。鲜食枣在脆熟期采收；用于贮藏的鲜枣在果半红时采收最好，此期最耐贮藏；完熟期采收的枣适于制干。

1. 制干用枣采摘时间　时间在10月20日后。果实完全着色，达到该品种的特有色泽时开始采摘。如赞皇枣完全着色为暗红色，骏枣达到深红色。主要原因：枣果直径生长到果皮全红时才停止，同时枣果的发育后期，干物质尤其是糖分大量增加，所以作为干制红枣，应在外果皮呈紫红色，乃至果洼处出现放射状皱纹，枣果完全停止生长，重量减轻时进行。这时采摘下的枣果肉多、糖分高、香味浓、品质佳。采摘过早，晒成的红枣色黄、不饱满，产量和品质均下降。

2. 鲜食用冬枣、梨枣采摘时间　着色面积在1/3时采摘最好，时间约在9月中旬。采摘过早品质不佳，代谢旺盛，保水力差，易失水失重，缩短贮存天数；采摘过晚，品质佳，但枣果活力

低，所以也不耐贮存。

（二）采摘及运输要求

采收人员在采摘前需洗手、消毒、修剪指甲，分期、分批、分级采摘，全天采收。用周转筐盛放，不得使用袋子装运，以免压伤，造成烂果。果实要求不带果柄。采收后可进行分级，分级标准如表 7-1 所示。

表 7-1　红枣质量分级标准

品种	等级	果实大小	缺陷	外形外观	含水率
骏枣	一级	3.7 厘米以上	无杂果、病虫果、烂果、浆果、不成熟果	肉厚，表面无皱，色泽纯正	小于 25%
	二级	3.2～3.7 厘米	同上	饱满，基本无皱，色泽纯正	小于 25%
	三级	2.7～3.2 厘米	同上	果肉较厚，表皮褶皱较浅	小于 25%
	等外	2.2～2.7 厘米	同上	皱褶较深，颜色发黄	小于 25%
赞皇	一级	3.2 厘米以上	同上	肉厚，表面无皱，色泽纯正	小于 25%
	二级	2.7～3.2 厘米	同上	饱满，基本无皱，色泽纯正	小于 25%
	三级	2.2～2.7 厘米	同上	果肉较厚，表皮褶皱较浅	小于 25%
	等外	1.7～2.2 厘米	同上	皱褶较深，颜色发黄	小于 25%
冬枣	一级	3.2 厘米以上	同上	果皮赭红光亮，果皮肉脆，细嫩多汁	
	二级	2.7～3.2 厘米	同上	果皮赭红光亮，果皮肉脆，细嫩多汁	
	三级	2.2～2.7 厘米	同上	果皮赭红光亮，果皮肉脆，细嫩多汁	

二、贮　存

采收后红枣可先晾晒，选较平坦之地（最好有水泥等硬质地面），将枣平摊在地面，厚 6～10 厘米，暴晒 3～4 天，上午 12 时至下午 4 时每隔 2 小时翻动 1 次，下午 6 时前将枣堆积起来，用篷布盖好，3～4 天后堆放在阴凉处。在晾晒过程中应注意按不同成熟度分别晾晒，暴晒时勤翻动。

经烘晒干制后可进行贮藏，选干燥适度、无破损、无病虫、色泽红润、大小整齐的枣贮藏。红枣含糖量高，具有较强的吸湿性和氧化性，因此贮藏期间应尽量降低贮藏温度和湿度，抑制微生物的活动。大批量贮存时，采用装袋码垛贮藏。码垛时，袋与袋之间、垛与垛之间要留有通气的空隙，以利通风。垛与墙壁间也应通风。在外界气温低、干燥时，排出库内潮湿空气，换进干燥空气。在库房中设置吸湿点，以降低湿度。

附　　录

附录1　兵团红枣标准园建设规范(试行)

红枣标准果园创建旨在集成和优化红枣科研成果和生产中行之有效的技术,在不同生态类型的优势产区建立一批具有示范性的标准化果园,以实现标准化生产、集约化管理、产业化经营的目标。

1. 园地选择

要求冬季绝对最低气温不低于－23℃,花期日平均温度稳定在22℃以上,花后到秋季日均温下降到16℃以前的果实生育期大于100天,土壤厚度40厘米以上,含盐量低于0.3%的地区可栽培枣树。

枣园应选择符合绿色及有机生产要求的环境,进行相关认证和申请。

枣园应根据作业区划,统筹考虑道路、防护林、排灌系统、输电线路及机械管理相配套。小区面积以实际地块、管理定额、灌溉区参照确定,连片面积不得少于66.7公顷。

2. 建 园

在土地条件较好、灾害性气候少的地区宜采用直播建园，土地条件差、风沙危害大、缺乏有效防护措施的地区宜采用植苗建园。

2.1 品种选择

应选择早实、丰产、新枝成果力强、坐果率高的品种，如骏枣、灰枣、哈密大枣、赞皇枣等。

2.2 建园密度

每 667 米^2 栽 800～1 600 株，可采用等行距及宽窄行种植。等行距 1～1.6 米；宽窄行宽行行距 2 米，窄行行距 1 米。定苗株距 40～50 厘米。

2.3 精量播种

将酸枣仁精选，剔除破损、干瘪、霉变种仁，要求种仁饱满、匀称、整齐。于当年 3 月中下旬进行精量播种，覆膜、滴灌。地块较小及不具备此条件的可用条播机或人工点播。播前 1 周应喷施化学除草剂。播后及时滴灌，确保出苗整齐。

2.4 播后管理

出苗后随水施肥，待苗木长至高 40～50 厘米时打顶促其老化，8 月初至 9 月上旬停水。

2.5 嫁 接

接穗应于冬季或树液流动前采集，蘸蜡封存，贮藏于库房或地下室备用。

第二年 4 月下旬前完成嫁接，有条件地区可当年嫁接，枝接并及时抹芽。要求成活率达到 90%以上。

3. 土肥水管理

3.1 土壤管理

枣园可结合除草中耕 2 次。幼龄枣园可间作，间作时间限于前 2 年，间作作物宜选择管理与枣树生长无矛盾者。

3.2 施 肥

施肥分为基肥、追肥和根外追肥 3 种方式。施肥原则以有机

肥为主、化肥为辅,保持或增加土壤肥力及土壤微生物的活性。施用肥料不应对果园环境和果实品质安全产生不良影响。

直播枣园应于播前施基肥,第二年后可于上年秋施基肥。生长季随水施肥。叶面施肥结合病虫害防治可喷施有机络合微肥或果树专用肥。

3.3 灌　水

早春应灌透水。幼树要适当早灌水。适宜土壤含水量为田间最大持水量的60%~80%。可采取常用的灌水方法,标准果园建设提倡滴灌。

注重催芽水、花前水、果实膨大水等,可结合施肥进行。5~8月份根据土质条件和土壤干湿度适时调整灌水量,11月中下旬灌冬水。

4. 整形修剪

4.1 幼龄枣园整形

直播当年7月上旬,苗高50厘米时摘心,摘心后,上部发出的枣头继续摘心,摘心后10天可喷施矮壮素800~1 000倍液1次。

嫁接后,据品种不同进行摘心。灰枣主干长有5~8个二次枝摘心,二次枝5~8节摘心。骏枣主干长有7~10个二次枝摘心,二次枝7~10节摘心。

4.2 成龄枣园整形

第三年后,加强枣头摘心工作,以果压树,控制树体的扩大。

5~8年完成树形控制。成龄树形干高0.8米,树高1.8米,冠幅1.5米以内。应重视夏季修剪,通过抹芽、摘心、撑枝、拉枝等,培养骨干枝和结果枝组。已有枣园可按实际情况进行树形改造及修剪。

5. 花果管理

5.1 促进坐果

花期喷专用硼肥,促进坐果,提高产量。

5.2 放　蜂

花期枣园放蜂，蜂群数量每公顷放蜂2～3箱。

5.3 环　割

树龄5年以上，主干基径达6厘米以上时环割。

6. 病虫害防控

6.1 严格检疫

严格检疫，做好防范工作，禁止从疫区调入种子、接穗、苗木。

6.2 建立虫害综合防控体系

贯彻“预防为主，综合防治”的植保方针。以农业防治和物理防治为基础，提倡生物防治，按照虫害的发生规律科学防治。

6.3 建立病害发生预测预报制度

以现有专家咨询组为依托，标准果园提供必要气象和地理位置资料信息，借助专家组提供的主要病害发生预测预报和防治方案进行防治。

6.4 病虫化学防治

各地根据果园主要病虫发生情况，合理使用化学农药。使用时，按GB 4285、GB/T 8321(涉果部分)规定执行。喷施各种化学制剂，均需进行翔实记录。

6.5 清园

落叶后做好清园工作，减少病虫害的越冬基数。

7. 果实采收

根据不同用途、成熟度和大小分期采收，采后分级、处理、加工、包装。

分级标准见附表1。

附表 1　大枣质量等级指标

项目名称	等级		
	一等	二等	三等
果形和果实大小	果形饱满，具有本品种应有的特征，果实大小均匀	果形良好，具有本品种应有特征，果实大小均匀	果形正常，果实大小较均匀
品质	肉质肥厚，具有本品种应有的色泽，身干，手握不粘个，总糖含量≥70%，无霉烂、浆果，含水率不超过25%，杂质不超过0.5%	肉质较肥厚，具有本品种应有的色泽，身干，手握不粘个，总糖含量≥65%，杂质不超过0.5%，无霉烂、浆果，含水率不超过25%	肉质肥瘦不均，允许有不超过10%的果实颜色稍浅，身干，手握不粘个，总糖含量≥60%，杂质不超过0.5%
含水率(%)	不高于25	不高于25	不高于25
单果重(克)≥			
哈密大枣	12	9	7
灰枣	8	6	4
骏枣	10	8	6
损伤和缺点	无霉变、浆头、不成熟果和病果，虫果、破头果2项不超过5%	无霉变果，允许浆头不超过2%，不成熟果不超过3%，病虫果、破头果2项不超过5%	无霉变果。允许浆头不超过5%，不成熟果不超过5%，病虫果、破头果2项不超过10%（其中病虫果不得超过5%）
总不合格果百分率	不超过5%	不超过10%	不超过20%

注：本表参照 GB/T 5835—2009 和 DB 13/T 480—2002 制定。

8. 果园生产档案管理

生产过程、采收过程、销售过程资料完整记录，并实行质量检验追溯制。包含枣园基本情况、品种、栽植密度、物候期、花果管理、农药使用、土肥水管理和采收情况（附表 2 至附表 6）。

附　录

附表2　枣园基本情况表

农户姓名：　　　　　　　　追溯编码：

地　　址：农　　　师　　　团　　　连

地块编号：　　　　　　　　园地面积：　　　　667 米²

品种名称：　　　　　　　　建园时间：

建园密度：　　　　　　　　现有密度：

总 产 量：　　　　　千克　总产值：　　　　　元

备　　注：

附表3　农药(肥料、植物生长调节剂)购买登记表

日期		名称及品牌	数量	含量	购货地点	售货员
月	日					

附表4　灌水、施肥、农药使用情况记录

时间		灌水			施肥				农药			
月	日	灌水时间	灌水数量	采前停水时间	肥料名称	有效成分	施肥方式	用量	药剂名称	防治对象	用量	使用方式

附表 5　枣树生产管理工作主要农事记载

时期		内容			
		主要农事记载			备注
		月	日		
枣树萌发时间	开始时间				
	结束时间				
抹芽时间	开始时间				
	结束时间				
开花时间	开始时间				
	结束时间				
果实膨大时间	开始时间				
	结束时间				
采收时间	开始时间				
	结束时间				
落叶时间					

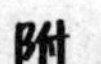

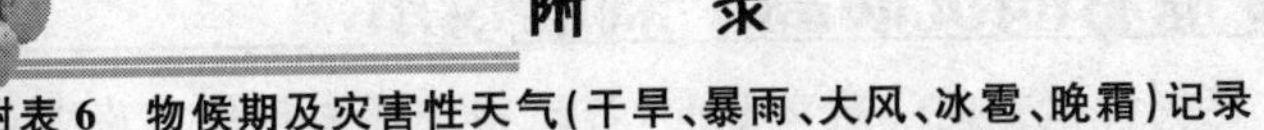

附表6　物候期及灾害性天气(干旱、暴雨、大风、冰雹、晚霜)记录

物候期	时间	地块编号	品种	灾害类型	损失情况
萌芽期					
初花期					
盛花期					
坐果期					
膨大期					
转色期					
成熟期					
落叶期					
休眠期					

附录2　北疆枣树栽培规程

一、北疆地区枣树定植当年栽培管理技术规程

(一)土地要求

1. 质地要求　土壤含盐量在0.3%以下,地下水位在1米以下,灌溉方便的沙壤土或壤土地,种植前每667米^{2}施3～5吨厩肥,作为基肥,深翻。

2. 枣园规划　每10～13.3公顷为一个规划小区(以现有条田为基础)。为承包管理方便,可进一步划分为若干管理小区,小区内设置简易道路。

枣树种植方向一般南北向，若已预设滴灌设施或南北向坡度太大，则以预设滴灌设施滴灌带走向或以地形坡度大小确定栽植方向。种植行长一般设置为50～100米，可根据地形坡度、管理定额合理确定。

枣园可配置条田防护林。为了园地安全，必须在园地四周栽植带刺灌木护园边界林，如野蔷薇、沙枣、刺玫等。

3. 栽前准备 为适应北疆地区种植枣树矮、密、早、冬季易于培土防寒的要求，种植密度以每667米^2 230～450株为宜，为管理方便沟植较好，沟宽50厘米、深20厘米，长度根据管理及地块实际而定。然后沟内挖坑，行距1.5～2.5米，株距1.0～1.5米，坑的大小为40厘米×40厘米，表土和底土分开堆放，以备植苗时苗坑下垫20厘米的表土和放苗后封土使用。

（二）栽培要求

1. 品种选择 应选最适于北疆气候条件，平茬后当年枝条结果多、品质好、成熟早的优良品种。

2. 栽前假植 枣苗运回去后，若不马上栽植，要立即假植。假植沟深40～50厘米，苗在沟里摊开，然后浇水，封湿土，踏实，使苗木根系与土壤密接，每隔3～5天浇1次水，使之呈泥浆状，以利根系恢复。

3. 栽时蘸根 用ABT3号生根粉配制成50～100毫克/千克的水溶液，与细土混合，调制成泥浆状，稠度以苗木根系能挂住泥浆为准，栽时苗根蘸泥浆。

4. 适时定植 枣树种植，在北疆地区宜在春季。最佳时间应在发芽前10～15天，一般在4月中旬。苗木栽植深度视主根长短及嫁接部位高低而定，一般不超过原埋土部位2～3厘米，栽后立即灌水。

5. 不宜间作 北疆地区种植枣树主要是矮化密植，不宜间作，枣树属强阳性树种，间作遮阴影响其生长。若进行间作，行距

应在3米以上，间作花生等低秆作物，避免间作番茄、玉米、大豆等高秆作物。

（三）栽后管理

1. 铺膜和截干　枣树栽植后铺地膜，能提高地温，保墒和减少杂草，促进苗木根系生长发育，防止抽干。与此同时，对高干枣树进行剪截，枣树主干保留60厘米，剪后用油漆涂抹或薄膜包扎，以减少水分蒸发。铺膜和剪干的目的在于使树木水分循环达到平衡，以提高枣树苗成活率，促进生长发育。

2. 灌水　苗木定植后，要及时灌水，灌透水。植后第一个月内，每7天灌1次（视墒情而定），以后视土壤情况，沙壤土每半个月灌1次水，壤土每20天灌1次水，盐碱重的土地，应酌情加大前期灌溉，防止盐碱伤害。要注意7～8月高温时期灌水，确保当年园相整齐。到9月下旬停水，促其木质化，增强抗寒能力；达到土壤合墒，以利培土越冬。不再进行冬灌。

3. 施肥　枣苗栽植成活后，当年施2次肥，最好施有机肥，第一次在5月下旬或6月初；第二次在8月上中旬，采取沟施或穴施，距树体25～30厘米，每次施3～5千克腐熟的肥料。

4. 除萌与摘心　5月份植株萌芽后及以后生长季节，要及时发现和抹除由砧木部分萌发的枝条，防止影响嫁接枝的生长。

为控制植株的营养生长，增加生殖生长对养分的需要，促进当年开花、坐果，可在定植后枣头生长达60厘米时摘心。

（四）越冬保护

目前，防冻越冬，简便、经济、有效的办法是采用根基培土法。即将幼株地面主干埋土，但不能剪干，土堆要求至少达到40厘米高，呈圆锥形，并踏实。土堆与树基干部要结合紧密，埋土时土壤墒情适中，不可过干过湿。培土时间视冬季来临早晚，时间大致为10月下旬至11月上旬。埋土结束后，投放鼠药。

二、北疆地区枣树定植2年后栽培管理技术规程

(一)春季揭土

第二年春季土壤解冻后(4月上中旬),结合埋土时形成的沟穴,穴施或沟施1次有机肥,然后即将埋土刨开,并进行土地平整和种植沟修复。检查并剪除枣树上部冻死枝干,剪口以树干裂皮下端往上2～3厘米为宜。

(二)灌　水

苗木扒开后,要在4月底及时灌水,灌透水,以利苗木萌发。以后视土壤情况,沙壤土每半个月灌1次水,壤土每20天灌1次水,盐碱重的土地,应酌情加大每次灌溉量,防止盐碱伤害。要注意灌好盛花前期水(6月上旬)和幼果膨大水(8月份),以防止由于干旱水分少,对水分的需要生殖生长争夺不过营养生长,而导致落花落果,产量下降。到9月下旬停水,促其木质化,增强抗寒能力;达到土壤合墒,以利培土越冬。不再进行冬灌。

(三)施　肥

第二年及以后的施肥,结合春季刨开培土时,穴施或沟施有机肥,这次每株施肥20～30千克。此外,6月中旬花期再追施1次化肥,以补充营养生长与生殖生长旺盛期对养分的需求;8月上中旬再追施1次有机肥,最好是人粪尿,以满足果实膨大期对营养的大量需要,从而增加产量,提高品质。

(四)树形管理

枣树萌发后,要尽早定干。北疆平茬栽培多为丛生形,对栽植2年萌发成丛的,选留生长部位低、生长旺盛的壮芽,形成2～3

个萌条，其余抹除。栽植 3 年以上的，可留 2～4 个萌条，稀植的可据树势适当多留。此项工作应在 5 月中旬前完成。

（五）除萌与摘心

5 月份植株萌芽后及以后生长季节，要及时发现和抹除由砧木部分萌发的枝条，防止影响嫁接枝的生长。

为控制植株的营养生长，增加生殖生长对养分的需要，促进开花、坐果和早熟，要在定植后的第二年及以后的生长周期中，于 6 月中下旬的盛花期给萌株的主枝打顶；8 月上中旬果实膨大期给侧枝打顶。

（六）花果管理

在枣树盛花中后期（6 月中下旬）喷 2 次（每次隔 3～5 天）20 毫克/千克赤霉素、30 毫克/千克硼酸，可明显地减少落花落果，提高坐果率，增加产量。其原因是：花期喷赤霉素可诱导花粉发芽，促花粉管伸长，刺激结合和受精；喷洒硼酸能促进枣花授粉结实，减少落花落果。

喷赤霉素或硼酸溶液应在晴朗无风的天气下进行。如喷后遇雨，应及时补喷；否则，药液淋失，增产效果不明显。

疏花疏果是在确保坐果的前提下对花果多的树通过人工调整花果数量，减少养分消耗，使树体负载适宜，落花落果减少，提高一二级果品率。疏花疏果在 7 月份进行，以枣树生理高峰期过后效果更佳。要根据树势强弱、品种特性以及栽培管理水平灵活掌握。树势强、易坐果，树体顶部外围，宜多留，反之宜少留。土壤肥力好，栽培管理水平高，要多留，反之要少留，原则上是按 667 米^2 定产，以吊定果。管理水平较高，树势强、大果型、易坐果的品种，667 米^2 产量达 1 500 千克左右的园地，每一枣吊留 6～10 个枣，其余疏除。栽培管理水平低、树势弱、小果型、667 米^2 产量 1 000～1 200 千克的枣园，每一枣吊留 3～7 个枣。为防止其他不

利因素造成枣吊损失，在上述留果的基础上，可加大一点。在疏果方法上，先从树上到树下，从树内到树外，先疏病虫果、黄萎果、畸形果，留大果、好果、中部顶花果。这种果实生长快，品质好，商品果率高。

（七）插干和撑枝

当萌条30～40厘米高时，对萌条单株要在旁边插树枝绑绳稳固，防止被风吹折。8月上中旬要对负载重的果枝进行插干支撑，防止累累硕果压断树枝。

（八）分批采收

在枣果着色成熟后，分批采收。采收时注意防止机械损伤。时间以清晨为宜。

（九）越冬保护

同定植当年。

附录3　2014年最新国家禁用和限用农药名录

一、禁止生产销售和使用的农药名单（33种）

六六六，滴滴涕，毒杀芬，二溴氯丙烷，杀虫脒，二溴乙烷，除草醚，艾氏剂，狄氏剂，汞制剂，砷、铅类，敌枯双，氟乙酰胺，甘氟，毒鼠强，氟乙酸钠，毒鼠硅，甲胺磷，甲基对硫磷，对硫磷，久效磷，磷胺，苯线磷，地虫硫磷，甲基硫环磷，磷化钙，磷化镁，磷化锌，硫线磷，蝇毒磷，治螟磷，特丁硫磷。

二、在蔬菜、果树、茶叶、中草药材上不得使用和限制使用的农药(17种)

禁止甲拌磷、甲基异柳磷、内吸磷、克百威、涕灭威、灭线磷、硫环磷、氯唑磷在蔬菜、果树、茶叶和中草药材上使用。禁止氧化乐果在甘蓝和柑橘树上使用;禁止三氯杀螨醇和氰戊菊酯在茶树上使用;禁止丁酰肼(比久)在花生上使用;禁止水胺硫磷在柑橘树上使用;禁止灭多威在柑橘树、苹果树、茶树和十字花科蔬菜上使用;禁止硫丹在苹果树和茶树上使用;禁止溴甲烷在草莓和黄瓜上使用;除卫生用、玉米等部分旱田种子包衣剂外,禁止氟虫腈在其他方面使用。按照《农药管理条例》规定,任何农药产品都不得超出农药等级批准的使用范围使用。

三、农业部公告第2032号(关于禁限用农药的公告)

为保障农业生产安全、农产品质量安全和生态环境安全,维护人民生命安全和健康,根据《农药管理条例》的有关规定,经全国农药登记评审委员会审议,决定对氯磺隆、胺苯磺隆、甲磺隆、福美胂、福美甲胂、毒死蜱和三唑磷等7种农药采取进一步禁限用管理措施。现将有关事项公告如下。

(一)自2013年12月31日起,撤销氯磺隆(包括原药、单剂和复配制剂,下同)的农药登记证,自2015年12月31日起,禁止氯磺隆在国内销售和使用。

(二)自2013年12月31日起,撤销胺苯磺隆单剂产品登记证,自2015年12月31日起,禁止胺苯磺隆单剂产品在国内销售和使用;自2015年7月1日起撤销胺苯磺隆原药和复配制剂产品登记证,自2017年7月1日起,禁止胺苯磺隆复配制剂产品在国内销售和使用。

(三)自2013年12月31日起,撤销甲磺隆单剂产品登记证,

自2015年12月31日起，禁止甲磺隆单剂产品在国内销售和使用；自2015年7月1日起撤销甲磺隆原药和复配制剂产品登记证，自2017年7月1日起，禁止甲磺隆复配制剂产品在国内销售和使用；保留甲磺隆的出口境外使用登记，企业可在2015年7月1日前，申请将现有登记变更为出口境外使用登记。

（四）自本公告发布之日起，停止受理福美胂和福美甲胂的农药登记申请，停止批准福美胂和福美甲胂的新增农药登记证；自2013年12月31日起，撤销福美胂和福美甲胂的农药登记证，自2015年12月31日起，禁止福美胂和福美甲胂在国内销售和使用。

（五）自本公告发布之日起，停止受理毒死蜱和三唑磷在蔬菜上的登记申请，停止批准毒死蜱和三唑磷在蔬菜上的新增登记；自2014年12月31日起，撤销毒死蜱和三唑磷在蔬菜上的登记，自2016年12月31日起，禁止毒死蜱和三唑磷在蔬菜上使用。

农业部

2013年12月9日

四、农业部推荐使用的高效低毒农药品种名单

随着国家对高毒农药管理力度的不断加大，为让相关生产企业能在转产后更能适应市场需求，并更好指导农民对农药使用的有效性，日前国家农业部农药主管部门推荐了一批在果树、蔬菜、茶叶上使用的高效、低毒农药品种（附名单），这些品种涵盖农业生产中防治病虫害整体性有杀虫、杀螨、杀菌三个类别，以高效、低毒、环保为选择方向。

（一）杀虫、杀螨剂

1. 生物制剂和天然物质　苏云金杆菌、甜菜夜蛾核多角体病毒、银纹夜蛾核多角体病毒、小菜蛾颗粒体病毒、茶尺蠖核多角体

病毒、棉铃虫核多角体病毒、苦参碱、印楝素、烟碱、鱼藤酮、苦皮藤素、阿维菌素、多杀霉素、浏阳霉素、白僵菌、除虫菊素、硫磺悬浮剂。

2. 合成制剂　溴氰菊酯、氟氯氰菊酯、氯氰菊酯、联苯菊酯、氰戊菊酯、甲氰菊酯、氟丙菊酯、硫双威、丁硫克百威、抗蚜威、异丙威、速灭威、辛硫磷、毒死蜱、敌百虫、敌敌畏、马拉硫磷、乙酰甲胺磷、乐果、三唑磷、杀螟硫磷、倍硫磷、丙溴磷、二嗪磷、亚胺硫磷、灭幼脲、氟啶脲、氟铃脲、氟虫脲、除虫脲、噻嗪酮、抑食肼、虫酰肼、哒螨灵、四螨嗪、唑螨酯、三唑锡、炔螨特、噻螨酮、苯丁锡、单甲脒、双甲脒、杀虫单、杀虫双、杀螟丹、甲胺基阿维菌素、啶虫脒、吡虫脒、灭蝇胺、氟虫腈、溴虫腈、丁醚脲(其中茶叶上不能使用氰戊菊酯、甲氰菊酯、乙酰甲胺磷、噻嗪酮、哒螨灵)。

(二)杀菌剂

1. 无机杀菌剂　碱式硫酸铜、王铜、氢氧化铜、氧化亚铜、石硫合剂。

2. 合成杀菌剂　代森锌、代森锰锌、福美双、三乙膦酸铝、多菌灵、甲基硫菌灵、噻菌灵、百菌清、三唑酮、三唑醇、烯唑醇、戊唑醇、己唑醇、腈菌唑、乙霉威・硫菌灵、腐霉利、异菌脲、霜霉威、烯酰・锰锌、霜脲・锰锌、邻烯丙基苯酚、嘧霉胺、氟吗啉、盐酸吗啉胍、噁霉灵、噻菌铜、咪鲜胺、咪鲜胺锰盐、抑霉唑、氨基寡糖素、甲霜・锰锌、亚胺唑、春雷・王铜、噁唑烷酮・锰锌、脂肪酸铜、松脂酸铜、嘧菌酯。

3. 生物制剂　井冈霉素、嘧啶核苷类抗菌素、菇类蛋白多糖、春雷霉素、多抗霉素、宁南霉素、木霉菌、硫酸链霉素。